天然气置换手册

港华投资有限公司
中国城市燃气协会　主编

中国建筑工业出版社

图书在版编目(CIP)数据

天然气置换手册/港华投资有限公司，中国城市燃气协会
主编. —北京：中国建筑工业出版社，2006

ISBN 978-7-112-08274-2

Ⅰ. 天...　Ⅱ. ①港...②中...　Ⅲ. 天然气—置换—
手册　Ⅳ. TE83-62

中国版本图书馆 CIP 数据核字(2006)第 035307 号

天 然 气 置 换 手 册

港华投资有限公司　　主编
中国城市燃气协会

*

中国建筑工业出版社出版、发行（北京西郊百万庄）
各地新华书店、建筑书店经销
北京天成排版公司制版
北京建筑工业印刷厂印刷

*

开本：787×960毫米　1/16　印张：11　插页：4　字数：150千字
2006年5月第一版　　2008年4月第三次印刷
印数：4,501—5,500册　　定价：**32.00**元
ISBN 978-7-112-08274-2
(14228)

本书收集了天然气作为城市燃气的一种优质气源所具有的性质、特点和优越性,重点叙述了天然气置换过程中所采用的操作程序、操作方法以及在风险控制方面所采取的措施。本书还系统总结了港华集团近年来在天然气置换工作中的方法和经验,其内容普遍适用于有关城市及城市内不同区域的天然气置换工作。

　　编写本书的目的在于与国内同行分享天然气置换方面的经验。本书可供从事天然气置换工作的技术工人培训之用,以便成功、顺利地完成天然气置换工作。本书也可供城市燃气行业的其他工程技术人员和管理人员参考。

*   *   *

责任编辑:石枫华　姚荣华

责任设计:赵　力

责任校对:张景秋　刘　梅

《天然气置换手册》
编 写 人 员

主　编：王　玲

参　编：王之良　　刘文瑜　　张孟宇

　　　　罗广新　　席　丹　　梁金禧

主　审：迟国敬

序一

20 世纪末，21 世纪初，随着"陕气进京"、"西气东输"、"海气登陆"和"液化天然气上岸"等工程的实施，我国的天然气事业取得了长足的发展。城市燃气行业在推动天然气利用的系统工程中处于枢纽地位。为了更好地促进城市天然气的发展，港华燃气集团总结了各合资公司在天然气置换方面取得的成功经验，并组织技术人员将这些经验奉献给国内的燃气同行，填补了我国城市燃气行业在燃气置换方面一直没有系统书籍的空白。这是一项值得称赞的举动，也反映了港华燃气集团在市场竞争中的宽广胸怀。

这本手册紧密联系了天然气置换的实际操作，是一本具有实用价值的工具书。该书的出版，对城市燃气事业的发展必将起到很好的推动作用。

中国城市燃气协会科技委
2005 年 12 月 10 日

序二

21 世纪的首 25 年是中国经济飞跃发展的年代，我国对能源需求日益殷切。千禧之始喜讯频传，青海到甘肃的天然气管线、"西气东输"、"广东液化天然气"、"川气入鄂"、"东海气登陆"，以及"俄气南下"等项目气贯山河，为我国的发展更添动力。清洁环保、经济可靠的天然气，将肩负起优化国家能源结构，促进经济腾飞，保护人类生存环境的重任。未来 25 年，天然气将成为我国重点发展的能源之一。

香港中华煤气有限公司从 1994 年进入内地燃气市场以来，一直积极配合国家重点发展清洁能源的政策，与各城市的燃气同业携手推动天然气的应用。目前已经先后在广东、江苏、浙江、安徽、山东、湖北、吉林、河北等省成立了 30 余家城市燃气中外合资公司，组成港华燃气集团，由总部设于深圳市的港华投资有限公司统一负责国内业务拓展和营运的工作。

随着过去几年天然气到达安徽、江苏、浙江、山东及湖北等省份，港华燃气集团做了大量的准备工作，多个城市在较短时间内完成了天然气置换工作，达到"零事故，无投诉，少扰民"三大目标。

为了和城市燃气同业进行交流，互相分享进行置换工作的经验，港华投资有限公司特别组织了集团内部的工程技术人员，与中国城市燃气协会合作编写《天然气置换手册》一书。本书总结了港华燃气集团在天然气置换方面的成功经验，介绍了先进的工程技术与管理方法，并收集了丰富的基础资料及数据，为城市燃气行业在天然气置换方面提供了内容充实、简明实用的培训资料。

此书经专家审阅并由本公司赞助出版，相信必将对天然气的迅速普及和广泛应用，对减少大气污染、提高环境质量起到积极的推动作用。天然气市场的成功发展需要依靠国家政策和各级政府的支持，也需要业界的自身努力。燃气同业积极学习和实践先进技术，总结和交流宝贵经验，是促进天然气市场发展最基本、最有效的方法。

本人愿藉此国内天然气事业蓬勃发展的大好时机，携港华燃气集团的全体同仁与时俱进，用先进的技术和成功的经验引导城市燃气事业向更安全可靠、更清洁环保、更高效合理的方向发展，为构建和谐社会做出应有的贡献，为建设小康社会而努力。

香港中华煤气有限公司
行政总裁　陈永坚
2005 年 8 月

前　　言

　　天然气是一种高效清洁的优质能源，是城市燃气的理想气源。但当前在我国的一次能源消费结构中，天然气仅占 2.96％，远远低于 23.5％的世界平均水平。随着我国"西气东输"、"川气东送"、"海气登陆"、"液化天然气上岸"等一系列工程项目的实施，能源结构优化的步伐正在加快，也掀开了我国天然气工业发展新的篇章。

　　伴随着这些项目的建成，天然气成为我国城市燃气的首选燃料，全国各地的燃气公司纷纷进入了由天然气置换原有人工煤气或液化石油气的阶段，港华燃气集团在全国拥有多家合资公司，遍布广东、山东、江苏、湖北、浙江、安徽等省份，从 2003 年起已经陆续有安徽、江苏、山东等省份的合资公司成功进行了天然气置换，在天然气置换方面积累了相当的经验。在此将这些经验奉献给读者，希望以此促进国内城市燃气事业的发展，这也正是我们编写这本书的宗旨所在。

　　本书在编写时以国内现有的燃气行业职工为阅读对象，考虑到他们的实际工作需要，力争做到简明实用。书中收集了一些关于天然气性质、天然气净化、储存和运输方面的基础知识，以方便读者查阅，通过对这些章节的阅读了解天然气，为天然气置换的运行管理提供相关的理论基础。在天然气置换的操作程序和操作方法，以及风险管理方面，则根据港华燃气集团在置换时的具体目标来考虑的，特点是注重实现"零事故，无投诉，少扰民"的置换目标，因此本书在置换的准备和置换程序方面做了较为详尽的描述。书中内容普遍适用于各城市和城市内不同区域的天然气置换工作，操作上的细致化缘于港华燃气集团"为客户供应安全可靠的燃气，并提供亲切、专业和高效率的服务，同时致力保护及改善环境"的企业使命，仅供业内同行参考。

本书可供燃气行业的技术工人培训之用，以便成功顺利地完成天然气置换工作，也可供工程技术人员和相关管理人员参考。

本书在编写的过程中，承蒙中国城市燃气协会、港华燃气集团和宜兴、马鞍山、武汉、中山、济南、番禺、东永等地港华公司以及中国项目支援部的大力支持，并提供了相关资料和宝贵的意见，特此致谢。同时，对本书所引用过的文献作者致以崇高的敬意。

编者水平有限，书中的不当之处恳请专家和读者批评指正。

编者
2005 年 4 月

目　　录

第七章　天然气置换工作参考图例

第一章 天 然 气 概 述

第一节 世界天然气资源概况

一、概述

天然气、煤炭、石油是目前世界一次能源的三大支柱，由于天然气热值高，燃烧产物对环境污染少，所以是一种高效清洁的能源。随着全球经济的飞速发展，石油危机频现，同时石油和煤炭所带来的环境污染问题日益加重，促使能源结构在不断地发生变化。最近 20 年，石油和煤炭不仅作为居民的生活燃料，而且用于汽车燃料，联合发电，供冷，供热和燃料电池等方面，已经占到了一次能源结构的 24% 左右。跨入 21 世纪，能源供给更成为全世界瞩目的热点问题之一，随着天然气勘测、开发、储运和利用技术的进步和人们对环境问题的日益关注，"21 世纪是天然气时代"已经成为人们的共识。

一般来说，天然气主要是指存在于岩石圈、水圈以及地幔和地核中的烃类气体，按照成因和赋予状态又可分为常规天然气和非常规天然气。常规天然气包括单一相态气藏气、气顶气、油藏溶解气等，非常规天然气包括致密岩石中的天然气、煤层气、深层气、水溶气和甲烷水合物等。地球上蕴藏着非常丰富的天然气资源，常规天然气资源量约为 6.0×10^6 亿 m^3，就目前的开采速度而言，可供人类开发利用 200～300

年；非常规天然气资源潜力就更加巨大，仅其中的甲烷水合物资源就是全球已知所有常规矿物燃料(煤、石油和天然气)总和的 2 倍。但是，人们对于非常规天然气的认识还停留在早期勘测开发和前期研究阶段，其中煤层气勘测开发技术较为完善，而对水溶气和甲烷水合物的科研工作，已经引起了世界各国政府的高度重视。其中，美、俄、日、法、瑞典等国的研究工作较为广泛和深入，并且投入高额的科研经费。

二、天然气资源和生产现状

在整个世界范围内，天然气资源分布极不均衡。根据世界天然气学会的资料，常规天然气主要集中于俄罗斯和中东两大富集区。这两个地区天然气探明储量占世界天然气总探明储量的 2/3，所占比例分别为 33％和 33.9％。其余天然气资源主要在独联体其他国家、北美洲、南美和中美洲、欧洲、非洲和澳洲等 6 个地区分布，如表 1-1 所示。

世界天然气探明储量分布情况　　　表 1-1

年　份 国家和地区	天然气探明储量(10^4 亿 m^3)			占世界天然气总探明储量的比例(％)		
	1991 年	1997 年	1998 年	1991 年	1997 年	1998 年
东欧和前苏联 (其中俄罗斯)	56.66	56.69	56.66	38.90	39.38	38.91
	(48.1)	—	—	(33.0)	—	—
中东 (其中伊朗)	49.50	48.85	49.51	33.98	33.94	34.0
	(22.99)	—	—	(15.8)	—	—
美　洲	13.6	14.65	14.54	9.34	10.18	9.98
西　欧	4.43	4.82	4.49	3.04	3.35	3.08
非　洲	11.16	9.86	10.22	7.66	6.85	7.02
亚太地区	10.29	9.07	10.18	7.10	6.30	6.99
总　计	145.64	143.94	145.60	100	100	100

第二次世界大战后，由于世界各国经济和社会的迅猛发展，人们对能源的需求量也逐渐增多，特别是石油工业的发展尤为迅速。天然气由于具有污染少，储量大，价格低廉等优点，因此其生产和加工得到世界各国的高度重视。迄今为止，全世界发现和开采了约 41000 个油田，

26000 个气田。年产原油约 30 亿 t，年产天然气 2.3×10^4 亿 m^3。20 世纪 80 年代后期开始，天然气的生产每年都在增加，速度以 3%～7%不等。天然气商品利用率约为 80%～82.7%。世界天然气商品生产量排序前十位的公司分别在俄罗斯、荷兰/英国、沙特阿拉伯、伊拉克和墨西哥。

三、天然气消费市场和消费结构

当前，全球已有天然气干线约 140 万公里，其中美国与前苏联各占 45 万公里和 22 万公里，在建和计划建设的天然气输气管道总长约 11 万公里。1996 年世界天然气国际贸易量达 4300 亿 m^3，其中管线贸易占 3300 亿 m^3，其余为液化天然气贸易。世界天然气产量、消费量和国际贸易量大幅增长、天然气长距离管输和液化船输技术的进步，这四个方面的因素使世界天然气市场空前活跃。表 1-2 给出 1997 年世界一些国家和地区一次能源消费量。

一些国家和地区一次能源消费量情况（单位：万吨油当量）　　表 1-2

国家和地区	天然气	石油	煤炭	核能	水电	小计	天然气的消费比例（%）
前苏联	44340	19860	17810	5200	1980	89190	49.71
英　国	7720	8120	4040	2550	50	22480	34.34
美　国	56930	84650	52790	17090	2960	214420	26.58
澳大利亚	1760	3680	4670	—	130	10240	17.2
日　本	5860	26640	8980	8340	810	50630	11.57
印　度	2200	8310	14640	250	620	26020	8.46
中　国	1740	18650	68180	370	1620	90560	1.92
全世界	197730	339550	229340	61740	22590	850950	23.24

从表中可看出，在世界能源消费中，美国的综合消费量最多，中国其次，前苏联再次。天然气消费最高的依次是美国、前苏联和英国；而天然气在五大能源消费中所占比例最大的是前苏联（50%）、英国（34%）和美国（27%），中国仅占 2%左右，远远低于世界天然气能源消费的平均比例（23%）。

据有关资料统计，近 20 年来，随着天然气、核电等优质能源的开发利用，使得世界能源的消费结构得以不断改善。能源消费结构中石油、煤炭的比重分别从 1970 年的 42.9％和 34.9％下降到 1995 年的 39.7％和 27.29％，天然气从 1970 年的 19.8％上升到 1995 年的 23.2％。预计到 2015 年，天然气将超过石油而居世界能源消费的首位。

在 1986～1996 年间世界天然气消费量，以年均 2.76％的速度发展。按前面所述，天然气生产则以年均 3％的速度增加，因此天然气消费量低于天然气生产量 0.24 个百分点。在众多的消费国中，年均消费量都在 400 亿 m^3 以上有美国、加拿大、德国、意大利、英国、俄罗斯、乌克兰和日本。而在这些天然气消费大国中，美国和俄罗斯又是位居榜首，其消费量约占总量的 60％以上。加拿大、荷兰、前苏联是三大管输天然气出口国；美国、德国、意大利则是三大管输天然气进口国；印度尼西亚、阿尔及利亚、马来西亚是三大液化天然气出口国；三大主要液化天然气进口国是日本、韩国和法国。表 1-3 给出了世界各地区天然气消费量，地区消费水平最高的是北美洲，其次是东欧国家。世界范围内天然气需求在增加，尤其是发展中国家。据国际天然气联合会需求预测，世界天然气总需求到 2010 年为 3.10×10^4 亿 m^3；2020 年为 3.40×10^4 亿 m^3；2030 年为 3.66×10^4 亿 m^3。天然气将占世界能源的 25％以上。

世界各地区天然气消费量(单位：亿 m^3)　　　　表 1-3

地区 \ 年份	1980 年	1985 年	1990 年	1994 年	1995 年
北 美 洲	6285	5437	6124	6787	6859
拉丁美洲	627	736	855	960	1029
西 欧	2388	2599	2938	3305	3504
东 欧	4537	6594	7849	6774	6566
非 洲	186	294	395	456	469
中 东	417	609	1015	1340	1450
亚洲及大洋州	751	1118	1536	2054	2192
世界总量	15191	17423	20712	21680	22068

按用途来分，天然气的消费结构可分为两大类，即能源和化工原料。按通常的行业分类则可分为发电、化工原料、工业燃料和民用燃气。世界天然气消费结构见表1-4。

世界天然气消费结构   表 1-4

项 目	1985 年		1990 年		1995 年		2000 年	
	用量 （亿 m³）	比例 （％）	用量 （亿 m³）	比例 （％）	用量 （亿 m³）	比例 （％）	用量 （亿 m³）	比例 （％）
发 电	3740	23	4250	22	4590	21	4810	20
民用燃气	4100	25	4590	24	5040	23	5470	23
工业燃料	4840	30	5600	29	6370	30	7000	30
化工原料	1050	6	1420	7	1610	8	1810	8
其 他	370	2	370	2	390	2	420	2
自 用	2290	14	2970	16	3480	16	3940	17
合 计	16390	100	19200	100	21480	100	23450	100

从表中可以看出，在天然气消费结构中，总发电占 20％～23％，民用燃气占 23％～25％，工业燃料占 29％～30％，化工原料占 6％～8％，天然气工业部门自用占 14％～17％左右。

第二节　国内天然气概况

一、天然气勘探开发概况

中国是世界上最早发现并利用天然气的国家之一，在相当长的时间内我国油气开采和利用技术都遥遥领先于世界其他各国。早在公元前 3 世纪的秦汉时期，劳动人民在挖水井和盐井时就发现了天然气的可燃现象。在汉、晋时，我国四川省利用自流井气田采气煮盐，是世界上开发和利用天然气气田的最早记录。据统计，自公元 1700 年以来，我国在四川自贡地区共钻井 1.1 万口以上。其中，采气 50 年以上的气井就有 30 多口。

1840～1949 年，中国处于半殖民地半封建时期，天然气工业发展非常缓慢，到 1949 年新中国成立时，仅发现石油沟、自流井、圣灯山等 7 个气田，年产气 7000 万 m^3，探明储量 3.85 亿 m^3。

1949 年是我国天然气发展史上的新起点。从那时起，天然气工业获得迅速发展，先是发现了一大批含油气盆地，使气田数量、储量和产量大增；其次，从事天然气地质研究的队伍发展壮大，建国前仅有 48人从事石油地质调查研究，没有专业天然气研究人员，而当前，仅从事油气地质勘探的人员就达 10 余万人之多；第三，天然气地质理论取得了飞跃发展，形成了一系列适合我国地质特征的天然气地质理论，勘探效益和成果日益显著；第四，天然气勘探开发技术取得重大进步，如对复杂构造气藏识别技术、气藏精细描述技术、致密砂岩气藏开发技术等，极大地扩大了储量发现和开发利用的范围。至 1999 年底，我国剩余天然气探明储量为 1.18×10^4 亿 m^3，年产量达 250.17 亿 m^3。

除此之外，我国还致力于非常规天然气的勘探、开发和应用。20世纪 80 年代初开始勘探煤层气，90 年代又加大了勘探试验力度。通过不断学习、引进国外先进经验和技术设备，煤层气勘探取得了一定进展。截止 1999 年底，全国煤层气累计探明地质储量为 268.64 亿 m^3，累计采出 2.93 亿 m^3。20 世纪 90 年代以来开展的天然气水合物研究在我国南海和东海海域取得了进展，在海洋高分辨率地震勘探中发现了天然气水合物存在的拟海底反射层特征，并在南海深海钻探中取得了天然气水合物芯样。我国海域辽阔，天然气水合物资源潜力巨大，开展天然气水合物研究，可以为我国天然气工业提供后备资源。

二、常规天然气资源及其分布情况

我国幅员辽阔，拥有 373 个总面积达 670 万 km^2 的沉积盆地（陆上354 个盆地，面积 480 万 km^2；海域 19 个盆地，面积 190 万 km^2），这为形成丰富的天然气资源奠定了良好的地质基础。据"八五"期间开展的全国第二次油气资源评价结果，我国常规天然气资源量为 38×10^4 亿

m^3，可采资源量为 10.5×10^4 亿 m^3，占全球可采资源量的 3.2%。至 1999 年底，剩余探明储量为 1.1778×10^4 亿 m^3，不到世界剩余探明储量的 1%。

我国天然气资源的分区分布情况 表 1-5

地区	总资源量(10^4 亿 m^3)	所占比例(%)	评价盆地数(个)
东部	4.36	11.5	22
西部	10.74	28.2	11
中部	11.52	30.3	2
南方	3.28	8.6	27
海域	8.14	21.4	7
全国	38.04	100.0	69

若按照我国天然气资源的国土面积和人口数量分析，我国天然气资源的国土面积和人口平均值明显低于世界平均水平，尤其是剩余探明储量和年产量的人口平均值，仅分别为世界的 3.35% 和 3.7%。一方面说明中国并不具有丰富的天然气资源，另一方面也说明我国天然气资源勘探开发程度较低，还有较大的潜力可挖。

尽管我国有 373 个沉积盆地，但是并不是每一个盆地都有天然气。按盆地类型进行资源量计算，其中复合陆内、前陆盆地(如四川盆地、鄂尔多斯盆地和塔里木盆地)资源量最大，占 40.3%；其次为陆内裂谷盆地(松辽盆地、渤海湾盆地、东海盆地)，占 17.3%；弧后拉张盆地为第三，占 13.4%。被动边缘盆地、克拉通盆地和克拉通隆褶区天然气资源分别占 10.7%、8.7% 和 7.7%。

迄今为止，我国在 30 余个沉积盆地中发现了天然气，根据 2001 年国土资源部储量通报，截至 1999 年底累计探明天然气地质储量 3.11×10^4 亿 m^3，剩余可采储量 1.18×10^4 亿 m^3。表 1-5 为我国天然气资源的分区分布情况。天然气探明储量集中在 12 个沉积盆地，四川、鄂尔多斯、塔里木、哈吐、柴达木、准噶尔、渤海湾、松辽、琼东南、莺歌海、渤海湾海域和东海盆地。这些盆地按地域划分为四个气区，即东部、中部和西部三个陆上气区和一个海域气区。

2000 年在内蒙古伊克昭盟发现的苏里格大气田传来令人惊喜的消息：到目前为止，天然气探明地质储量达到 6025.27 亿 m^3，相当于一个储量 6 亿 t 的特大油田，不仅是我国现在规模最大的天然气田，也是我国第一个世界级储量的大气田。

三、天然气的消费及需求状况

20 年来，改革开放使经济建设获得迅猛发展，人民的生活水平得到了显著的提高。相应地，能源需求大大增加。1997 年一次能源消费总量达到了 904.6 百万 t 油当量。天然气消费量也逐年上升，其中 1997 年比 1996 年增加了 17％，达到 200 亿 m^3。2000 年国内天然气产量 264.8 亿 m^3。但总的来说，煤炭在中国的能源结构中一直占有相当高的比例，长期以来维持在 75％左右，而天然气仅占 2％。与世界天然气消费的平均水平相比，存在很大差距。在天然气消费结构方面，我国目前的天然气主要用于化工原料、油气开采和城市燃气消费，分别占天然气消费量的 42.7％、18.9％和 14.6％，而作为燃料用气和发电用气比例较低。中国是一个发展中国家，随着国民经济持续、健康、快速发展，保护环境和合理利用资源已越来越受到各级政府和人民的关注。1998 年 9 月召开的"全国天然气利用规划会议"，从可持续发展战略、保护生态环境和提高人民生活质量出发，决定优化我国一次能源结构，对 21 世纪扩大天然气在能源结构中的比重作了规划部署。我国天然气的利用方向将是：以气代油、以气发电和城市气化。近年，我国的天然气需求增长较快，预计 2010 年消费量将达到 1121 亿 m^3；2020 年将达到 2500 亿 m^3，天然气在一次能源消费中所占的比例也将由目前的 2％增长到 10％以上。天然气利用方向也将发生巨大的变化，天然气作为原料的比例减少，城市燃气和工业燃料将增加，天然气发电将是增长最快的领域。预测我国未来十几年天然气消费结构，见图 1-1。

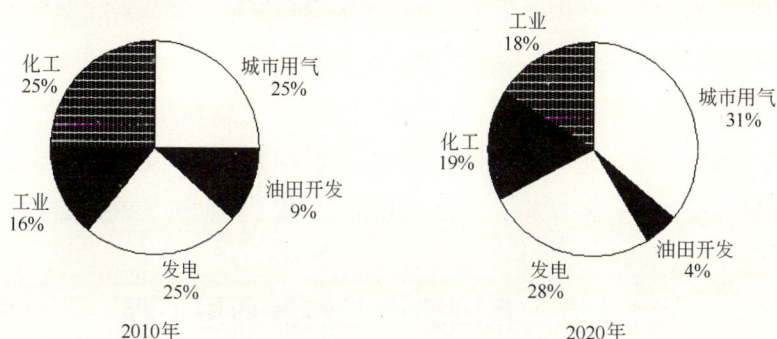

图 1-1 中国天然气消费结构预测

全国天然气消费结构预测表   表 1-6

项 目	2010 年		2015 年		2020 年	
	数量 (亿 m³/a)	比例 (%)	数量 (亿 m³/a)	比例 (%)	数量 (亿 m³/a)	比例 (%)
发 电	338	30.2	628	33.9	923	36.7
化 工	201	17.9	223	12.1	259	10.3
工业燃料	262	23.4	382	20.6	487	19.3
城市燃气	320	28.5	617	33.4	848	33.7
合 计	1121	100	1850	100	2517	100

　　2001 年我国天然气产量达 303.02 亿 m³，较上年有大幅增长，增幅达 11%。根据我国的天然气资源和生产发展状况，预计在 2010 年国内天然气产量将达到 800～1000 亿 m³，2020 年达到 1200～1500 亿 m³。与届时的需求量相比，尚存在较大的缺口，中国天然气供求矛盾将长期存在。为满足未来天然气的需求，我国提出了天然气工业发展思路：以市场为导向，积极利用两种资源和两个市场；整体规划输配气管线、接收站和管网等基础设施，分期实施，加快建设；满足能源紧缺的经济发达地区和中心城市的需求，逐步改善能源结构。利用两种资源和两个市场，即利用国内资源和国外资源、国际市场和国内市场，我国除加大国内天然气资源勘探开发力度，努力发现和开发大型气田，还积极进行沿

海的勘探和开发。在国际市场方面，开展与俄罗斯、乌兹别克斯坦、土库曼斯坦、哈萨克斯坦，以及中东和东南亚地区进口管道天然气的研究工作，同时致力于国外液化天然气的引进工作，以弥补国内资源不足。天然气输气干线、进口液化天然气项目及其配套系统的建设，已经得到国家的高度重视，预计若干年后，我国将形成完整的天然气输配管网。

第三节　我国城市天然气利用工程

一、"西气东输"工程

我国西部的塔里木盆地，柴达木盆地，陕甘宁盆地以及川渝盆地经过多年的油气资源勘探开发，已经形成四个国家级天然气田。到 2000 年底，西部地区累计探明的天然气储量已超过 1.5×10^4 亿 m^3，其中塔里木盆地 4190 亿 m^3，柴达木盆地 1472 亿 m^3，陕甘宁盆地 3340 亿 m^3，川渝盆地 5759 亿 m^3。并且随着天然气勘探开发的投入，天然气探明资源逐年将会有较大的增长，对大规模的"西气东输"提供足够的资源保证。

该项目已作为发展西部经济，推动西部大开发战略的重要部分来实施。为此，经国务院批准，成立了"西气东输"工程建设领导小组，由国家计委统管。管道途经新疆、甘肃、宁夏、陕西、山西、河南、安徽、江苏、浙江等九省，终点为直辖市上海。管线全长约为 4200km，输气能力 202 亿 m^3/a。2004 年实现全线贯通，2008 年达到设计输气量。管径确定为 1016mm，全程同径，输气压力 10MPa，压比 1.25，材质 X70 钢，管道有内涂层。西气东输管道干线上共设工艺站场 32 座，其中：首站 1 座，中间压气站 17 座（含分输压气站 1 座），分输站 11 座，独立清管站 2 座，末站 1 座，复线设工艺站场 18 座，与干线工艺站场同建。

西气东输工程与青藏铁路、南水北调、西电东送并称我国新世纪的四大工程，从 2002 年 7 月开工建设，总投资 435 亿元，于 2004 年 1 月东段开始商业供气，2004 年 9 月实现全线贯通试通气。按照计划整个工程于 2005 年 1 月 1 日起开始商业运行。

为提高供气系统的可靠性，并解决市场用气的调峰和应急问题，计划在江苏金坛建设一座盐穴型地下储气库。储气库的有效工作用气量 6.66 亿 m^3，垫气量 3.3 万亿 m^3，总库容 9.99 亿 m^3。储气库最高运行压力 16MPa，最低运行压力 5.5MPa，最大日注气量 505 万 m^3，应急状态时最大日采气量 1286 万 m^3。由于建设盐穴地下储气库，受到卤水出路的制约，建库时间较长，而且金坛地下储气库的容积不足以解决长江三角洲用气市场的调峰和应急需要，为提高系统的安全性和解决安徽河南等地区的调峰要求，应同时建设安徽定远盐穴地下储气库。

"西气东输"工程管道走向如图 1-2 所示。

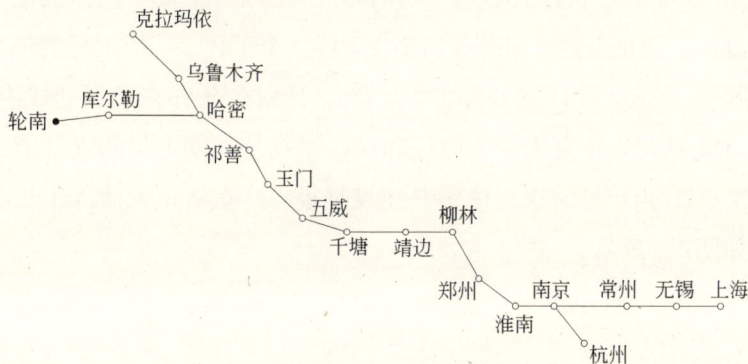

图 1-2　"西气东输"工程管道走向图

二、"川气东送"工程

是西气东输工程的重要组成部分，四川盆地的天然气通过管道输送到湖北省和湖南省。主管线西起重庆忠县，终点到达湖北武汉，全长 718km，管径 700mm，年输气能力 30 亿 m^3。2004 年 12 月 26 日已经首次在武汉点火，从 2005 年初武汉三镇的居民将陆续用上天然气。另外截止 2004 年年底荆州—襄樊、武汉—黄石的两条支线也已经贯通。该工程在中远期，将有部分气量供往江西省。"川气东送"工程管道走向如图 1-3 所示。

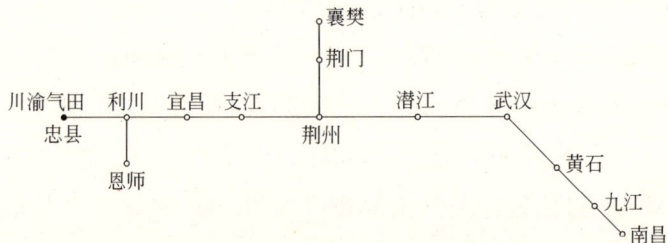

图 1-3 "川气东送"工程管道走向图

三、广东液化天然气(LNG)工程

为了加快东南沿海地区经济增长速度，改善缺少能源的状况，经国家批准，在广东省珠江三角洲地区首先引进国外液化天然气资源进行液化天然气(LNG)项目的试点。该项目由三个项目组成，包括液化天然气接收站、液化天然气船码头和输气干线三个工程，一期工程的项目投资 728700 万元，设计能力为 370 万 t/a，计划在 2006 年 6 月建成投产，2008 年可达产，主要用户为电厂和城市燃气。二期工程的设计能力为 700 万 t/a，由市场需求来确定其建设规模。广东液化天然气工程管道走向如图 1-4 所示。

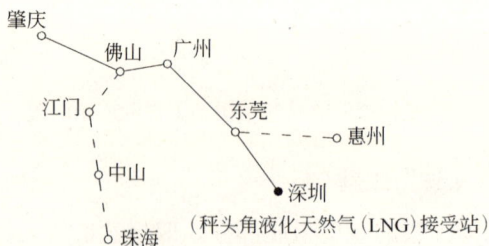

图 1-4 广东液化天然气工程管道走向图

注：一期气化 4 个城市，二期增加 5 个城市(虚线为二期)。

一期规模为：液化天然气(LNG)码头 $8 \times 10^4 \sim 16 \times 10^4 \, m^3$ 船泊位一座；16 万 m^3 的液化天然气储罐 2 座；输气干线 366km；输气场站 10

座；截断阀站 31 座。码头及接收站建在深圳市大鹏镇秤头角，一期工程的输气主干线自深圳秤头角首站，经坪山、东莞、广州增城，终于广州南分输站。一条支干线起自广州南分输站，终于佛山末站；一条支线自西丽分输站到美视电厂末站；另两条支线从坪山分输站分别至惠州电厂末站和前湾电厂末站。

2004 年经国家批准成立中外合资广东大鹏液化天然气有限公司。截止 2004 年 11 月底，接收站总体建造累计进度 41.3％，其中现场准备进度 82.1％，码头和海上工作进度 43.5％，储罐进度 46.4％，气化装置进度 7.1％，办公楼 2.8％以及临时设施进度 72.7％。

四、福建液化天然气(LNG)项目

福建液化天然气总体项目是继广东之后又一个国家战略性项目，是目前我国重大能源项目。福建液化天然气项目由中国海洋石油总公司和福建省双方合作开发建设，是我国第一个完全由国内企业建设、管理、实施的液化天然气项目。该项目共有十个分项目组成，包括站线项目(接收站和输气干线)，运输项目，莆田、晋江、厦门三个燃气电厂，福建沿海福州、莆田、泉州、漳州、厦门五个城市燃气利用工程。工程分两期建设，一期工程规模(液化天然气)为 250 万 t/a，总投资约 240 亿元，2004 年动工，2007 年上半年投产运行。工程将建设停靠 16.5 万 m^3 液化天然气船的 T 形蝶翼布置接受站码头(莆田秀屿)1 座；存贮 16 万 m^3 液化天然气的储罐 2 座；建设总长度分别约为 340km 的输气干线和 53km 的输气支干线；建设达产总供气量为 80 万 t 的福州、莆田、泉州、漳州、厦门五个城市燃气管网；总用气量 200 万 t 的液化天然气电厂。同时，为最大限度地开拓用气市场，对于不便于管道输气的地区，设计采用槽车供气的方式供气。总的规划规模为二期工程完成后，总供气量(液化天然气)达 500 万 t/a。

五、"俄气南供"项目

随着国内能源的需求增长和俄罗斯合作伙伴关系的加强，中国石油

天然气集团公司受国家计委的委托于 2000 年 2 月份在北京召开"引进俄联邦东西伯利亚地区天然气项目市场工作协调会",引进俄罗斯天然气项目启动。会议对项目的前期工作进行了协调,并作了具体的布置。该项目是对东北和环渤海地区的发展将具有重大意义的用气项目。2001 年 2 月中俄天然气合作项目可行性研究报两国政府批准。计划 2005～2007 年建成投产送气。2010 年满负荷运行。管线全长 4091km,其中中国境内 2131km。规划从俄罗斯进口 300 亿 m^3/a,中国境内利用 200 亿 m^3/a,其中,东北地区 100 亿 m^3/a;环渤海地区 100 亿 m^3/a。输送到韩国 100 亿 m^3/a。"俄气南送"工程管道走向如图 1-5 所示。由于 2003 年底到 2005 年间,世界范围内能源需求加剧,中国经济的飞速发展更加依赖大量的能源供给,因此出现了"中国威胁论"。这个项目也因这样的国际背景和俄罗斯国内的政策变化、日本政府的介入等因素而拖延。当前,我国政府仍然没有放弃在这个项目上的努力。

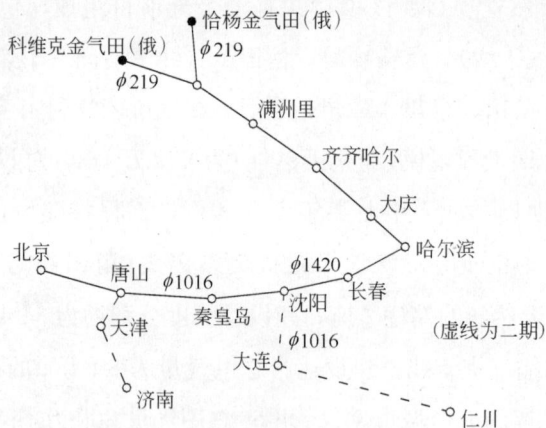

图 1-5 "俄气南送"工程管道走向图

以上这些工程的规划,目的是为适应国内天然气需求快速增长的趋势,缩小天然气的供需缺口。2004 年我国天然气产量保持稳定增长态势,全年产量达到 341.28 亿 m^3,比上年增长 4.6%,创历史最高纪录;

2004 年全年生产均衡稳定，1 月份月产量达到 32.10 亿 m^3，同比增长 6.2％，刷新了月产量历史纪录；12 月份月产量增长到 34.16 亿 m^3，同比增长 11.3％，再创月产量新纪录；全年平均月产量为 28.44 亿 m^3，比上年增长 4.6％。

根据国家计委能源研究所的预测，2005 年我国天然气需求量约 480 亿 m^3，天然气在一次能源消费结构中所占的比例将增加到 4％。未来 20 年天然气需求增长速度将明显超过煤炭和石油。到 2010 年，天然气在能源需求总量中所占比重将从 1998 年的 2.1％增加到 6％，到 2020 年将进一步增至 10％。届时天然气需求量估计将分别达到 938 亿 m^3 和 2037 亿 m^3。

第四节　积极推进天然气的利用

在城市中利用天然气是优化能源结构，坚持可持续发展战略，保护环境的重大措施。其好处是可以拉动国民经济的增长，提高人民的生活质量，改善城市基础设施的水平，推进城市建设，无论在经济效益和社会效益上，将产生直接而深远的影响。

一、在城市中推进天然气利用的措施

随着各项城市天然气规划项目的实施，一些有利于推进天然气利用的措施得到了检验，同时存在的一些问题也需要引起注意和更加深入的研究。

1. 明确不同用户在市场中的重要性

城市民用户在全世界各国天然气消费中所占比例是不同的，一般都占有较为重要的位置。美国、欧洲和日本、韩国等国家和地区城市用气比例均占首位，荷兰和韩国城市市民用天然气占总消费量 50％以上，美国占到 38.5％。

与天然气发电、化工、工业等用户相比，对天然气价格承受能力民用户最强，这也正是目前天然气城市利用中，民用燃料仍然是天然气消费市场主要支撑的原因。随着近几年国民经济的飞速发展和各级政府以及国民环保意识的增强，天然气发电、化工、工业等用户的比例均在发生着明显的变化，保持不同类型天然气用户的市场地位在天然气利用过程中尤其重要。

2. 掌握城市天然气的建设和供应特点

千家万户以及大量的公建、工业用户组成了城市天然气市场。要做到上游、中游、下游同时启动运行，充分利用资源是推广利用天然气工作中要解决的问题。从前期研究到设计、施工以及建成投产到用户置换是有一个过程的，需要耗时 3～5 年，甚至更多的时间。因此必须提前作好前期的准备工作，缩短工程运作周期。

3. 城市天然气利用必须与政府职能部门联合推出有力措施

有效的环保政策及措施，不仅能保证城市天然气的顺利推广，而且还将促进天然气的充分利用。

（1）各地区可以推行城市用煤总量、排污总量控制的措施。采取划分城市无煤区的办法，分期分批逐步进行。

（2）实行"货币治污"，使收缴环保治理费定量化、制度化。例如制定污染和收费罚款的标准，凡是通过天然气项目实施可以减少污染的部分，根据减污量多少按标准进行项目补贴。

（3）北方地区采用天然气替代燃料煤，来改造烧煤锅炉房，对改善城市污染有显著的作用，但需要和环保部门、物价部门联合制定适合当地情况的相关的政策。

（4）参照世界各国对压缩天然气(CNG)汽车的优惠政策，摸索出适合我国国情的车用天然气政策，才能推动压缩天然气(CNG)汽车大量发展，有利于城市大气质量的改善。在世界能源市场变化多端的情况下，不能仅仅寄希望于汽车燃油税的出台。

（5）制定相关制度和优惠政策推广燃气家用电器，如燃气空调、燃气冰箱、燃气干衣机等。

4. 对天然气进行合理定价

确定合理的天然气价格对城市天然气发展是至关重要的。在城市居民经济收入和工业企业可承受的范围内，天然气的价格与其他城市能源（如电、液化石油气，煤等）的价格相比较，必须具有经济上的竞争力，才能促进天然气市场的发展。尤其要经过合理定价提高工业用气比例，工业用气比例的增加还可以缓解城市调峰压力，有利于天然气企业的运行管理。

5. 提前筹措天然气项目的建设资金

为实现城市天然气利用项目，需要投入巨大的建设资金。从投资渠道来看，不外乎有政府预算内投资、银行贷款、利用外资及自筹资金等，具体措施可从以下各方面考虑：

（1）天然气项目应纳入国家重点建设项目计划。

（2）在财政预算中，提出一部分资金，专项支持项目的开展和落实。

（3）争取政府贴息贷款用于城市天然气利用项目。

（4）积极提供利用国外政府贷款和国际金融机构的优惠贷款。

（5）开辟城市建设多元化的投资渠道，打破城市燃气以往以城市为界限的区域封闭管理模式，引入市场经济商业化管理的原则，进行跨地区的经营和管理。

（6）应积极支持和进一步推行燃气行业股份制改革，吸引民间资本。

6. 作好迎接天然气的技术准备

（1）努力开发城市天然气市场，加强市场产品的研究，研究城市天然气可以拓宽的应用领域及技术课题。

（2）加强城市利用天然气的宣传力度，从资源、市场以及规划方面宣传利用天然气的重要性、必要性和可行性。

（3）活跃城市天然气利用的技术交流，充分利用学会和协会，组织各种学术会议、研究城市利用天然气的有关技术课题。

（4）将一些专题研究的立项列入建设部科技开发研究项目，并拨出一定的专款支持课题的研究。

二、天然气的价格体系

长期以来，我国的天然气工程被作为基础设施建设项目，大部分是由国家或政府投资兴建，天然气的价格也由政府来负责制定的。对政府的过分依赖使燃气企业缺乏对市场的足够认识和了解，随着燃气市场的逐步开放以及投资、经营主体的日益多元化，燃气企业间的竞争将日趋激烈，企业的生存和发展将面临巨大的挑战，制定有利于企业经营的价格体系是企业和政府应该共同面对的问题。合理的价格体系是提高天然气市场竞争力的手段之一。

我国城市燃气以往主要用于民用炊事上，政府提供财政补贴，具有福利性质，因此具体的定价情况是：公建、商业用户高于工业用户高于民用户，其实这种价格体系与实际经营成本是不相符合的。从成本分析的角度看，从高中压管线供气的大用户由于管线短，用气量大，其单位成本相对较低；而民用户在低压管网接气，运行管线长，查表收费程序复杂，单户用气量小，其单位成本则相对较高。所以，目前天然气的价格体系并不符合市场规律。

在城市天然气市场中，居民的用气量份额只是和城市人口增长，用气水平的提高以及城市化进展等因素有关，预计随着城市气化率的提高，将不再是城市天然气利用市场发展的主要方面。目前城市工业用气的气化率很低，在经济增长，工业发展，企业效益不断提高等因素刺激下，城市工业的用气将会有较大增幅，但是否会有很大比例的增长，价格是主要的影响因素。制约工业用气发展的主要原因是由于工业用燃气价格偏高。目前现行的城市燃气价格一般都是工业用气价格高于居民用气价格，平均高位价格在 1.80 元/m³ 到 2.10 元/m³ 左右，而天然气在化工工业上利用的可承受价格为 0.9 元/m³，在发电上能承受的价格在 1.1 元/m³，因此按目前的燃气价格体系来运行，必然会影响到工业用气的发展。城市天然气价格的合理顺序应该是：公建、商业用户高于居民用户高于工业用户。通过价格体系的调整促进工业用气比例的增加，还可以缓解城市调峰压力，有利于天然气企业的运行管理。例如对采暖制冷用户根据季节不同制定不同的价格，吸引更多用户在低峰季节用气。

以 1m³ 天然气的热值为 31.4MJ 计算，相当于 8.82 度电提供的热量，分别乘以这两种能源的单价，可以看出民用天然气的价格还远远低于电价。又因电是由热能或动能转化而来的二次能源，这个转化过程本身就是一种能源的浪费，故天然气则是一种相对经济和高效的能源。

天然气与其他能源的市场价格比较如表 1-7 所示。从表中分析可见，天然气居民售价如保持在 1.8～2.1 元/m³，与相应的其他能源相比，还是具有很强的市场竞争力的。

天然气与其他能源的市场价格比较 表 1-7

	天然气	人工煤气	液化石油气	电	轻 油	煤 炭
售　　价	1.8～2.1 元/m³	1.20～2.00 元/m³	3500 元/t	0.42～0.57 元/度	3320～3600 元/t	400 元/t
单位热值售价（元/MJ）	0.053	0.081～0.098	0.075～0.90	0.116～0.158	0.088～0.093	0.016

当前在一些发达地区，传统单一的天然气价格体系已经被打破，并逐渐形成了与市场相适应的多层次，多途径，灵活的价格体系。表 1-8 和表 1-9 是北京和上海的天然气售价表，从中可见不同地区的天然气价格体系的现状。

北京天然气销售价格表 表 1-8

用户分类	价格（元/m³）	用户分类	价格（元/m³）
居　　民	1.9	采暖制冷	1.8
工　　业	1.8	营　　业	2.4

上海天然气销售价格表 表 1-9

用 户 分 类	价格（元/m³）
居　　民	2.1
工业、营业、事业	2.6(10000m³ 以下)
	2.5(10000～20000m³)
	2.3(20000m³ 以上)
大 用 户	2.3(可下浮 20%)
锅　　炉	2.2(可下浮 20%)
特殊用户	以输气成本为基础协商定价

三、天然气购销模式之一——照付不议

"照付不议"取自英文"TAKE OR PAY"，其实是包含"照付不议"和"照供不误"双层的含义。"照付不议"是天然气供应的国际惯例和规则，就供需双方签订供气合同时，以年度合同量的一定比例作为最低提取量。用户用气未达到此量，仍需按此量付款；供气方供气未达到此量时，要对用户作相应补偿。照付不议合同采用两种条款加以制约，即"供应式条款"和"枯竭式条款"。在买方承诺最低用气量支付义务的同时，由买卖双方共同承担储量风险。

近年来，随着我国天然气勘探开发成果的不断扩大和天然气管道建设项目的顺利实施，全国天然气主干管网正在逐步形成。但是，我国还处于天然气发展利用的初期，天然气项目作为一项前期投资巨大、资金回收周期长、供气安全性要求高、关系国计民生的系统性工程，必须做到上、中、下游有效衔接和同步持续协调发展。因此采用国际通行的天然气照付不议购销模式，无疑是当前各种选择中的首选。

崖城 13-1 天然气管道项目是我国实施照付不议合同的第一个项目。该项目在 1992 年年底正式签署，是将南海的天然气销往香港和海南岛，年消耗量达到 34 亿 m³。由于买卖双方严格执行合同，因此使这个中外合作项目成为按市场经济规则和国际惯例成功运作的、双方受益的项目。

　　在此前的一段时期，我国的天然气供销主要是计划经济模式，即：用气通过计划申请，供气按计划分配，气价由国家确定，供需之间发生问题靠政府解决。由于缺乏经济和法律的有效手段，供气不足、拖欠气款等问题成为难以解决的"老问题"，再加上长期以来气价过低，严重束缚了我国天然气工业的发展。到 1992 年，我国天然气年消费量才 136 亿 m^3，只占一次性能源消费量的 1.9%，还不到当年天然气世界平均消费量的 1/10。

　　1998 年，向上海供气的东海平湖天然气项目也采用了照付不议合同，标志着我国天然气购销历史翻开了新的一页。从此，照付不议合同在我国天然气行业得以推广。

第二章　天然气基本知识

天然气是指通过生物化学作用和地质变质作用，在不同的地质条件下生成、运移，并于一定压力下储集在地质构造中的可燃气体。天然气是由有机物质生成的，这些有机物质是海洋和湖泊中的动、植物遗体，在特定的环境中经物理和生物化学作用而形成的分散的碳氢化合物——天然气。

第一节　天然气的分类

天然气是一种多组分的混合气体。主要由烷烃类气体、硫化氢、二氧化碳、氮气、水蒸气及部分稀有气体组成。

一、天然气分类

1. 按生成条件分

（1）气田天然气：甲烷 $85\% \sim 95\%$，乙烷、丙烷很少，C_4 及以上组分甚微。

1）纯气田天然气：不含重烃，主要含 CH_4。

2）凝析油气田天然气：在地层中为气相，经井口时压力下降，温度低于该状态的露点温度，则丙烷、丁烷会形成凝析液，并伴有水。

（2）油田伴生气：与石油共生，处于油层顶或溶于石油中，CH_4 占 $65\% \sim 80\%$，含乙烷及以上较多的烃类，热值大于气田气。

（3）煤层气：与煤层共同生成，聚集于地质构造中，主要成分为CH_4，伴有一些CO_2等气体。

（4）矿井气：在采掘煤炭的过程中，从煤层中释放的伴生气，与矿井中空气混合，称矿井气。矿井气热值较低。

2. 按烃组分含量分类

（1）干气：压力为0.1MPa，20℃条件下，1m^3井口天然气中戊烷重烃液体含量小于$13.5×10^{-3}m^3$的天然气。

（2）湿气：同等条件下，戊烷重烃含量大于$13.5×10^{-3}m^3$的天然气。

（3）富气：每1基准m^3井口流出物中，C_3以上重烃液体含量超过$9.4×10^{-5}m^3$的天然气。

（4）贫气：每1基准m^3井口流出物中，C_3以上重烃液体含量不超过$9.4×10^{-5}m^3$的天然气。

（5）酸性天然气：含有显著的H_2S和CO_2等酸性气体，需要进行净化处理才能达到管输标准的天然气。

（6）洁气（净气）：H_2S和CO_2含量甚微，不需要进行净化处理的天然气。

（7）油井天然气：气：油（体积比）<3000的天然气。

（8）油气井天然气：气：油（体积比）≥3000的天然气。

3. 按华白数（W）及燃烧势（C_P）分类

表2-1所示为按华白数及燃烧势对天然气分类。

表 2-1

天然气类别号	华白数（W）		燃烧势（C_P）	
	标准（单位：MJ/Nm^3）	范围（单位：MJ/Nm^3）	标准	范围
4T	18.0	16.7~19.3	25	22~57
6T	26.4	24.5~28.2	29	2~65
10T	43.8	41.2~47.3	33	31~34
12T	53.5	48.1~57.8	40	36~88
13T	56.5	54.3~58.8	41	40~94

二、天然气的质量标准

1. 我国天然气气质技术指标

我国天然气气质技术指标见表 2-2。

天然气气质技术指标（GB 17820—1999）　　　表 2-2

项　　目	一　类	二　类	三　类
高发热量(MJ/m³)	\>31.4		
总硫(以硫计)(mg/m³)	≤100	≤200	≤460
硫化氢(mg/m³)	≤6	≤20	≤460
二氧化碳(体积百分比)	≤3.0	≤3.0	—
水露点(℃)	在天然气交接点的温度和压力条件下，天然气的水露点应比最低环境温度低5℃		

注：1. 本标准中气体体积的参比条件是 101.325kPa，20℃。

　　2. 本标准实施之前建立的天然气输送管道，在天然气交接点的压力温度条件下，天然气中应无游离水。无游离水是指天然气经机械分离设备分不出游离水。

天然气作为民用燃料，总硫和硫化氢含量应符合一类气或二类气的技术指标。该标准是参照各国对民用天然气中硫化氢含量范围，同时考虑用户的安全以及设备管线的防腐而作出的。

天然气的用途不同，其总硫含量要求不同。主要依据燃烧生成二氧化硫对环境以及人体的危害程度而确定的。

2. 国外天然气气质标准

表 2-3

国　别	英　国	荷　兰	法　国	俄罗斯	美　国
企　业	British Gas	Gas Unie	Gasde France	—	AGA
H_2S(mg/m³)	5	5	7	20	5.7
硫醇硫(mg/m³)	6/16	15	16.9	36	11.5
总硫(mg/m³)	120/150	150	150	—	22.9
CO_2(摩尔百分比)	2	1.5	3	2(体积百分比)	—
O_2(摩尔百分比)	0.5/3	0.5	0.5	1(体积百分比)	—
水露点	地面温度	−10℃	55 mg/m³	冬季：−35℃；夏季：−20℃	110 mg/m³
烃露点	地面温度	−5℃			

国外天然气气质标准见表 2-3。其中俄罗斯等国天然气气质标准大多来自前苏联，分公共生活用户标准及干线输送标准。天然气气质标准（前苏联标准 ГОСТ5542）见上表 2-3 中的参数。干线输送天然气气质标准见表 2-4。

干线输送天然气气质标准　　　　　　表 2-4

指　　标	气候地区标准（按以下日期执行）			
	温暖地区		寒冷地区	
	5月1日～9月30日	10月1日～4月30日	5月1日～9月30日	10月1日～4月30日
水露点(℃)	0	－5	－10	－20
烃露点(℃)	0	0	－5	－10
$H_2S(mg/m^3)$	≤20	≤20	≤20	≤20
机械杂质(mg/m³)	≤3	≤3	≤3	≤3
硫醇(mg/m³)	≤36	≤36	≤36	≤36
氧(体积百分比)	≤1	≤1	≤1	≤1

第二节　天然气的基本性质

一、物理化学性质

1. 组成

天然气是一种多组分的混合气体，其组成可用质量分率、容积分率、摩尔分率来表示。

质量分率：燃气中各单一组分的质量与燃气总质量的比值。

容积分率：在相同温度，压力条件下，燃气中各单一组分的容积与燃气总容积的比值（体积分数）。

摩尔分率：燃气中各单一组分的摩尔数与燃气总摩尔数之比。

2. 平均分子量

天然气是以甲烷为主的多种气体混合物，只能以平均参数即平均分子量来表示，而不能以一个分子式表示其组成。平均分子量的计算公式如式(2-1)。

$$M = \Sigma v_i M_i \text{ 或 } M = \Sigma m_i M_i \qquad (2-1)$$

式中　　M——天然气平均分子量；

v_i——天然气各组分的体积分数；

m_i——天然气各组分的摩尔分数；

M_i——天然气各组分的分子量。

为计算方便，将燃气的总质量与燃气的总摩尔数之比称为燃气的平均分子量，计算公式为式(2-2)。

$$M = \frac{m}{n} \qquad (2-2)$$

式中　　M——燃气的平均分子量；

m——燃气的总质量(kg)；

n——燃气的总摩尔数(kmol)。

3. 平均密度

天然气是许多种气体的混合物，所以其密度以平均密度表示。单位容积的天然气所具有的质量，称为该燃气的平均密度，单位为千克/米^3 或千克/标米^3(kg/m^3 或 kg/Nm^3)。天然气平均密度计算公式如式(2-3)所示。

$$\rho = \frac{m}{V} \qquad (2-3)$$

式中　　ρ——天然气的平均密度(kg/m^3 或 kg/Nm^3)；

m——天然气的总质量(kg)；

V——天然气的总容量(m^3)。

标准状态下天然气的平均密度可用燃气中各组分的密度与其体积百分比的乘积求得，如式(2-4)。

$$\rho_0 = \Sigma \rho_i V_i \qquad (2-4)$$

式中　　ρ_0——标准状态下天然气的平均密度(kg/Nm^3)；

ρ_i——标准状态下天然气中各组分的密度(kg/Nm^3)；

V_i——标准状态下天然气中各组分的体积百分比(%)。

4. 相对密度

在标准状态下，气体的密度与干空气的密度之比，称为该气体的相对密度。天然气相对密度一般为 0.58～0.62；油田伴生气因重组分含量较高，为 0.7～0.85，均比空气轻。相对密度没有单位，以 S 表示，通常用标准状态下数值进行计算。

$$S=\rho_0/\rho_{空气} \tag{2-5}$$

式中　S——燃气的相对密度；

　　ρ_0——标准状态下燃气的平均密度（kg/Nm³）；

　　$\rho_{空气}$——标准状态下空气的平均密度（kg/Nm³）。

5. 含水量和水露点

单位体积的天然气中所含水蒸气的质量称为天然气的含水量，单位为 g/Nm³。在一定的温度和压力下，一定体积的天然气所含的水蒸气量存在一个最大值。当含水量等于最大值时，天然气中的水蒸气达到饱和状态。饱和状态时的含水量称为天然气的饱和含水量。

在一定条件下，与天然气的饱和含水量对应的温度值称天然气的水露点。

含水量与温度和压力有关，在一定条件下，当含水量超过一定值（饱和）时，则形成水化物或液相水，堵塞管道，加快管线腐蚀。故必须控制含水量。

商品天然气已脱水，使其含水量低于 -30℃时的饱和状态（<0.3g/Nm³），输送时可看作等温降压或升温降压，因此不析出冷凝水，故可不设排水装置。

各国含水量（或露点）规定不同，见本章表 2-2、表 2-3 和表 2-4。

二、热力学性质和燃烧特性

1. 热值

热值指单位数量（1kmol，1Nm³ 或 1kg）燃气完全燃烧时所放出的全部热量，单位为 MJ/kmol、MJ/Nm³ 或 MJ/kg。

高热值：完全燃烧后，其燃烧产物和周围环境恢复到燃烧前温度，其中水蒸气凝结成同温度水后放出的全部热量。

低热值：完全燃烧后，其燃烧产物和周围环境恢复到燃烧前温度后放出的全部热量，不计水蒸气凝结热。

天然气的热值是其重要的热力学特性，广泛的应用于科技及工程领域，在经营管理方面，同样具有十分重要的作用。一些发达国家均以燃气的高热值作为销售定价的基础数据。政府通过立法监督燃气的高热值，确保各类品种的燃气热值稳定。另一方面各类用户都以燃气的高热值作为生产成本计算的依据。因此，各发达国家在燃气应用方面都精确的控制燃气的高热值，其政府也相应制定和颁布了该国的燃气热值标准计算方法。

我国由于历史原因一直以低热值作为燃气应用和计算的指标，城市燃气销售长久以来则一直以流量为基础，气价基本以低热值作参照制定。各类企业和商业行业用户，在成本管理的过程中也没有引入或建立以高热值为基准的热平衡模式。

2. 华白指数

华白指数是一个互换判定参数，直观地反映了燃气燃烧特性与燃气物理特性的关系。华白指数的计算方法并不统一。在国际上多数国家采用一般华白指数的计算方法，用以控制燃气的类别及其特性指标。也有一些国家采用实用华白指数的计算方法，用以控制燃具的热负荷。

一般华白指数 W 计算公式如式(2-6)。

$$W = H_h / \sqrt{S} \tag{2-6}$$

式中　W——燃气的一般华白指数(MJ/kg)；

$\quad\quad H_h$——燃气的高热值(MJ/Nm^3)；

$\quad\quad S$——燃气的平均相对密度。

实用华白指数 W_s 计算公式如式(2-7)。

$$W_s = H_l / \sqrt{\rho} \tag{2-7}$$

式中　W_s——燃气的实用华白指数(MJ/kg)；

H_l——燃气的低热值（MJ/Nm³）；

ρ——燃气的平均密度（kg/Nm³）。

华白数是在互换性问题产生初期所使用的一个互换性判定指数，各国一般规定在两种燃气互换时华白数的变化不大于±（5％～10％）。

3. 着火温度

可燃气体与空气混合物在没有火源作用下被加热而引起自燃的最低温度。按照谢苗诺夫（Semenow N.）的理论，着火温度不是可燃混合物的物理常数，它与混合物和外部介质的换热条件有关。可燃气体在氧气中的着火温度一般比空气中的着火温度低 50～100℃。天然气在空气中的最低着火温度约为 530℃，天然气的着火温度取决于其在空气中的浓度，也和天然气与空气的混合程度、压力、炉膛的尺寸以及天然气、空气的温度等因素有关。

4. 爆炸浓度极限（着火浓度极限）

可燃气体在空气中浓度达到一定比例范围时会发生燃烧或爆炸。当可燃气体在空气中的浓度低于某一极限时，氧化反应产生的热量不足以补充散热损失而不能将混合物加热至着火温度，燃烧反应不能继续，这时的可燃气体浓度称爆炸浓度下限。当可燃气体浓度超过某一极限时，由于空气不足造成缺氧，燃烧同样会停止，这时的气体浓度称为爆炸浓度上限。

当天然气中 $CH_4 > 95％$ 时，天然气的爆炸浓度极限可直接选取 CH_4 爆炸极限 $5.0％～15.0％$。

5. 燃烧速度

垂直于燃烧焰面，火焰向未燃气体方向传播的速度，称为"燃烧速度"。它不仅对火焰的稳定性和燃气的互换性有很大影响，而且对燃烧方法的选择及燃具的安全使用也有实际意义。燃烧速度与下列条件有关：燃气与空气的混合比例、燃气组分、温度、混合速度、混合气体压力。一般用实验方法测定。

6. 燃烧势

气源种类的不断增多，使得燃烧特性差别较大的两种燃气存在能否互换的问题，仅靠华白数就不足以判断。在这种情况下，还必须引入一个可以反映火焰特性(即产生离焰、黄焰、回火和不完全燃烧的倾向性)的指标。它与燃气的化学、物理性质直接有关，但到目前为止还无法用一个单一的指标来表示。燃烧势是一个表示离焰、回火和 CO 互换特性的参数。其函数形式为：

$$C_p = u\,\frac{H_2 + 0.7CO + 0.3CH_4 + v\Sigma kC_mH_n}{\sqrt{S}} \tag{2-8}$$

式中 C_p——燃烧势；

H_2、CO、CH_4、C_mH_n——燃气中氢、一氧化碳、甲烷和碳氢化合物(除甲烷外)的体积成分；

           S——燃气的相对密度；

           u——由于燃气中含氧量及含氢量不同而引入的系数；

           v——由于燃气中含氢量不同而引入的系数；

           k——各种 C_mH_n 的特定系数。

三、燃气燃烧的稳定性和互换性

1. 燃气燃烧的稳定性

以有无脱火、回火和黄焰的现象来衡量燃气燃烧的稳定性。正常燃烧时，燃气离开火孔速度同燃烧速度相适应，这样在火孔上形成一个稳定的火焰。如果燃气离开火孔的速度大于燃烧速度，火焰就不能稳定在火孔出口处，而离开火孔一段距离，并有些颤动，这种现象叫离焰；如果燃气离开火孔的速度继续增大，火焰继续上浮，最后会熄灭，这种现象叫脱火。

相反，当燃气离开火孔的速度小于燃烧速度，火焰会缩入火孔内部，导致混合物在燃烧器内进行燃烧、加热，破坏一次空气的引射，并形成化学不稳定燃烧，这个现象称为回火。

当燃烧时空气供应不足（如风门关小），不会产生回火，但此时在火焰表面将形成黄色边缘，这种现象称为黄焰，它说明产生化学不完全燃烧。但当过量增大一次空气时，火焰就缩短，甚至火从进气风门处冒出来，这也是常见的回火现象。

例如在燃烧液化石油气时，可以观察到有发光火焰。产生这种现象的原因是在燃烧反应之初氧气不足，其中一部分燃气分子燃烧，并使未燃的燃气温度升高到600℃以上，这个温度超过了化学键的破坏点，使丙烷分子解体。当丙烷分子的高速运动，使它们之间相互碰撞，使氢原子脱离，使碳原子成为自由原子，在这样的温度下碳原子为白炽的，使火焰发出光。

总之，脱火、回火、离焰和黄焰等现象，是与一次空气系数、火孔出口流速、火孔直径以及制造燃烧器材料等因素有关。

2. 燃气互换性

任何燃具都是按一定的燃气成分设计的，即燃具通常只适用于一种燃气。在一些情况下，即使燃烧器不需要重新调整，也能适应燃气成分发生的某些改变。当燃气成分变化不大时，燃烧器燃烧工况虽有改变，但尚能满足燃具原有设计要求，那么这种变化是允许的。但当燃气成分变化过大时，燃烧工况的改变使得燃具不能正常工作，这种变化就是不允许的。

一般的，设某一燃具以 A 燃气为基准进行设计和调整，由于某种原因要以 S 燃气置换 A 燃气，如果燃烧器不加以任何调整而能保证燃具正常工作，则表示 S 燃气可以置换 A 燃气，或称 S 燃气对 A 燃气而言具有"互换性"。A 燃气称为"基准气"，S 燃气称为"置换气"。反之，如果燃具不能正常工作，则称 S 燃气对 A 燃气而言没有互换性。应该指出，互换性并不总是可逆的，既 S 燃气能置换 A 燃气，并不代表 A 燃气一定能置换 S 燃气。燃气的互换性是对燃气生产单位提出的要求，它限制燃气性质的任意改变。如果用户采用的是液化石油气燃具，而供给用户的是天然气，那么用户是不能正常使用的。这是因为燃气成分改变，其热值、密度和燃烧特性发生变化，导致燃烧器的热负荷、一次空气系数、燃烧稳定性、火焰结构、烟气中一氧化碳含量等燃烧工况发生变化。

燃气压力、相对密度、热值对燃具的热负荷是非常重要的参数，即当燃气恒压时，热值、相对密度的变化影响华白指数的变化，从而引起燃具热负荷的变化。燃具热负荷与华白指数之间有如下关系：

$$Q = K \cdot W \qquad\qquad (2\text{-}9)$$

$$W = \frac{H}{\sqrt{S}} \qquad\qquad (2\text{-}10)$$

式中　K——比例常数；

　　　Q——燃具热负荷(kW)；

　　　W——华白指数或热负荷指数(MJ/Nm^3)；

　　　H——燃气热值(MJ/Nm^3)；

　　　S——燃气相对密度。

华白指数是代表燃气特性的一个参数。如有两种燃气的热值和密度均不相同，但只要它们的华白指数相等，就能在同一燃气压力下，在同一燃具上，获得同一热负荷和一次空气系数。各国一般规定在两种燃气互换时，华白指数的变化不大于±(5%～10%)。

但是对燃烧特性差别较大的两种燃气的互换问题，除了华白指数之外，还必须考虑其火焰特性，即是否会产生离焰、回火、黄焰和不完全燃烧的倾向，它与燃气的化学、物理性质有关。

燃具的适应性是指燃具对于燃气性质变化的适应能力。如果在燃气性质变化范围较大的情况下，某种燃具仍能正常工作，则称该种燃具适应性大。因此互换性是对燃气品质所提的要求，为了保证燃具正常工作，燃气性质的变化不能超过某一范围。而适应性是对燃具性能所提的要求，即一个合格的燃具应能适应燃气性质的某些变化。

要使燃具适应性质相差很大的不同燃气，必须采用"通用燃烧器"，通常是更换或调节燃烧器的个别部件，如喷嘴、一次空气阀、燃烧器及火孔盖等。

四、不同气田和地区天然气组成

表 2-5～表 2-8 所列举的是不同气田和地区的天然气组成。

不同气田和地区天然气组成[单位:%(体积百分比)]　　表 2-5

输气干线名称	甲烷(CH_4)	乙烷(C_2H_6)	丙烷(C_3H_8)	异丁烷(iC_4H_{10})	正丁烷(nC_4H_{10})	异戊烷(iC_5H_{12})	二氧化碳(CO_2)	硫化氢(H_2S)	氮(N_2)	水(H_2O)
陕——京	95.95	0.108	0.137	—	—	—	3.8	0.002	—	0.006
川——汉	97.04	0.713			—		1.277	—	0.969	0.004
涩—宁—兰	98.81	0.08	0.04	—					1.07	
崖13—1外输	86.38	4.52	2.21	1.09		0.22	4.5		1.08	
平湖—上海	88.3	6.495	0.183	—			3.932		1.088	

我国规划引进国外天然气组分[单位:%(体积百分比)]　　表 2-6

商品天然气	甲烷(CH_4)	乙烷(C_2H_6)	丙烷(C_3H_8)	异丁烷(iC_4H_{10})	正丁烷(nC_4H_{10})	异戊烷(iC_5H_{12})	二氧化碳(CO_2)	氢(H_2)	氮(N_2)	氦(He)
俄 罗 斯	91.97	4.57	1.05	0.17	0.22	9.12	0.01	0.05	1.59	0.26
中亚三国	90.23	3.3	0.8	0.47	—	0.7	2.7		1.8	
液化天然气(广东)	91.46	4.74	2.59	0.57	0.54	0.01	—		0.09	
液化天然气(福建)	96.64	1.97	0.34	0.15					0.9	

我国各主要气田天然气组成[单位:%(体积百分比)]　　表 2-7

气田名称		甲烷(CH_4)	乙烷(C_2H_6)	丙烷(C_3H_8)	异丁烷(iC_4H_{10})	正丁烷(nC_4H_{10})	异戊烷(iC_5H_{12})	正戊烷(nC_5H_{12})	己烷(C_6H_{14})	二氧化碳(CO_2)	硫化氢(H_2S)	氢(H_2)	氮(N_2)	氦(He)	氩(Ar)
四川气田	卧龙河	92.44	1.01	0.56	0.36		0.22			0.27	4.48	0.09	0.1		
	相国寺	97.07	0.81	0.08						0.2	0.001	0.001	1.74	0.096	0.004
	中坝	90.97	5.62	1.66	0.36	0.37	0.131	0.096	0.128	0.41		0.008	0.23	0.017	0.003
	磨溪	95.22	0.19	1.3						0.13	1.61	0.003	1.53	0.003	0.01
	威远	86.8	0.11							4.446	1.091		7.26	0.236	

续表

气田名称		甲烷 (CH₄)	乙烷 (C₂H₆)	丙烷 (C₃H₈)	异丁烷 (iC₄H₁₀)	正丁烷 (nC₄H₁₀)	异戊烷 (iC₅H₁₂)	正戊烷 (nC₅H₁₂)	己烷 (C₆H₁₄)	二氧化碳(CO₂)	硫化氢 (H₂S)	氢 (H₂)	氮 (N₂)	氦 (He)	氩 (Ar)
陕甘宁气田		95.94	0.324	0.045	0.002	0.002				3.037	0.319	0.011	0.291	0.028	
新疆气田	雅克拉	95.47	0.559	0.083	0.012	0.011	0.011	0.003		3.025	0.033	0.039	0.716		
	克拉2	94.84	0.228	0.32						1.767			2.829		
	依南2	90.15	4.955	1.31	0.264	0.282	0.096	0.075		1.613			1.221		
	牙哈	83.01	7.777	2.403	0.45	1.563	0.163	0.127		1.453			3.053		
南海 (崖13—1)		86.38	1.83	0.49	0.12	0.13	0.07	0.06	0.21	10.09			0.62		
东海平湖		82.46	6.834	3.841	1.083	0.864	0.322	0.188	0.151	3.569			0.686		

我国主要油田天然气组成[单位：%(体积百分比)]　　　　表2-8

油田名称		甲烷 (CH₄)	乙烷 (C₂H₆)	丙烷 (C₃H₈)	异丁烷 (iC₄H₁₀)	正丁烷 (nC₄H₁₀)	异戊烷 (iC₅H₁₂)	正戊烷 (nC₅H₁₂)	己烷 (C₆H₁₄)	二氧化碳 (CO₂)	硫化氢 (H₂S)	氮 (N₂)	其他
大庆油田	1	79.75	1.9	7.6	5.62	5.62							5.13
	2	91.3	1.96	1.34	0.9	0.9				0.2		0.38	3.92
胜利油田	伴生气	86.6	4.2	3.5	0.7	1.9	0.6	0.5	0.3	0.6		1.1	
	气井气	90.7	2.6	2.8	0.6	0.1	0.5	0.5	0.2	1.3		0.7	
	气井气	97.7	0.1	0.5		0.1	0.1	0.1					1.1
大港油田		76.29	11	6	4					1.36	1.36	0.71	0.64
台湾铁砧山		88.14	5.97	1.95	0.43	0.36	0.15	0.09	0.14	2.26			0.51

第三节　天然气与其他种类燃气的区别

一、燃气的分类

城市民用和工业用燃气一般都是混合气体。其可燃组分可能有氢、一氧化碳、甲烷和碳氢化合物，不可燃组分可能有氮、二氧化碳等惰性气体，此外，还有少量氧气和微量杂质(硫化氢、焦油、萘)。

按照其来源或生产方法大致可分成四类：天然气、人工燃气、液化石油气和生物气。

1. 天然气

天然气主要是由低分子量的碳氢化合物组成的混合物。所谓的纯天然气其组分以甲烷为主，甲烷含量在90%以上，含少量的二氧化碳、硫化氢、氮和微量的氦、氖、氩等气体，热值约为 $33.44 \sim 36.47MJ/Nm^3$。甲烷气体在常压下，温度为 $-162℃$ 时液化为液态甲烷称液化天然气。液化天然气的体积约为气态的1/600，有利于运输和储存，其他有关知识见前两节。

2. 人工燃气

人工燃气是指从固体或液体燃料加工所生成的可燃气体。包括：焦炉煤气、发生炉煤气和油制气等。

（1）焦炉煤气：利用冶金焦炉、连续式直立炭化炉（伍德炉）和立箱炉等，对煤进行隔绝空气干馏所得的气体产品。这类燃气中甲烷和氢含量较高，标态下热值在 $18MJ/Nm^3$ 左右，无色有味，由于含氢量大，所以燃烧速度很高，标准状态下密度约 $0.5kg/Nm^3$。

（2）发生炉煤气：以劣质煤或焦炭作原料，在发生炉中气化得到的。根据气化剂不同生成的煤气可分为混合发生炉煤气、水煤气和高压气化炉煤气。由于混合发生炉煤气和水煤气中一氧化碳较多，具有很强的毒性，而热值只有 $5.4 \sim 10MJ/Nm^3$，不适合作城市气源，一般作工业企业的燃料或工艺生产原料，也可作为城市的掺混补充气源。以劣质煤为原料，以空气和水蒸气为气化剂在加压的条件下，可生产热值约为 $15MJ/Nm^3$ 左右的煤气。该气体氢和甲烷含量较多，一氧化碳含量较低，燃烧特性近似于焦炉气，适于作城市气源，并因其压力高可长距离输送。

（3）油制气：是以石油产品为原料，在水蒸气存在和 $800 \sim 900℃$ 温度下，将油雾化裂解并进行广义的水煤气反应，生成含氢、甲烷和重碳氢化物较多的可燃气体。按制取方法的不同可分为重油蓄热催化裂解煤气和重油蓄热热裂解煤气两种。重油蓄热热裂解煤气的主要成分为甲烷、乙烯和丙烯，热值约为 41.8MJ/Nm³，一般作为城市掺混气源或化工原料。重油蓄热催化裂解煤气的主要成分为氢气、甲烷和一氧化碳，热值在 18.81～22.99MJ/Nm³ 左右，可直接作为城市气源。

3. 液化石油气

液化石油气是开采和炼制石油过程中，作为副产品而获得的一部分碳氢化合物。主要成分为丙烷、丙烯、丁烷、丁烯。在常温下呈气态，但加压或冷却后很易液化，液化后其体积为气态时的 1/250，具备了能用受压钢制容器储存和运输的条件。标准状态下气态液化气的密度在 1.9～2.6kg/Nm³ 之间，热值约为 92.1～121.4MJ/Nm³；液态密度为 550～570kg/m³，热值约为 45.2～46.1MJ/kg。

4. 生物气

有机物质在隔绝空气及适当的温度、含水率和酸碱度条件下，受发酵微生物作用而生成的气体，统称为"生物气"。生物气的主要可燃成分为甲烷，又称"沼气"。凡是废弃的动植物和微生物，以及生活和生产中的各种有机废物（城市垃圾和农作物废料及人畜粪便），都可以在一定条件下发酵制成生物气。生物气一般还含 30%～40% 的二氧化碳，少量的氢、硫化氢和氮。标准状态下热值约为 20～25MJ/Nm³。

为了便于了解我国燃气的组分和特性，表 2-9 和表 2-10 分别给出几种常用燃气的成分与特性数据，这些燃气具有一定的代表性，可供参考。但由于我国燃气分布辽阔，各气源的天然气或油田伴生气的成分和特性并不完全相同，各地人工燃气也往往由于制气时所使用的原料不同，采用的生产工艺不同，或使用的配气比不同，同一类别的人工燃气其成分和特性也不完全相同。因此，在实际应用时，应根据具体情况加以核对和分析。在正式设计和选用燃烧设备以及进行有关计算时，应尽可能以气源的实际资料作为依据。

天然气与其他燃气组分的区别〔单位：%（体积百分比）〕　　　表 2-9

燃气种类名称		组　分										
		CH_4	C_3H_8	C_4H_{10}	C_mH_n	CO_2	O_2	N_2	CO	H_2	C_3H_6	C_4H_8
天然气	纯天然气	98	0.3	0.3	0.4	—	—	1	—	—		
	石油伴生气	81.7	6.2	4.86	4.94	0.3	0.2	1.8	—	—		
	凝析气田气	74.3	6.8	1.87	14.9	1.62		0.55	—	—		
	矿井气	52.4	—	—		4.6	7	36				
焦炉煤气	焦炉煤气	27	—		2	3	1	5	6	56		
	伍德炉煤气	18	—		7	5	0.3	2	17	56		
	立箱式炉煤气	25	—			6	0.5	4	9.5	55		
发生炉气	高压气化煤气	18	—		0.7	3		4	18	56		
	水煤气	1.2	—			8.2	0.2	4	34.4	52		
	混合煤气	1.8	—		0.4	2.4	0.2	56.4	30.4	8.4		
油制气	热裂解气	28.5	—		32.2	2.13	0.62	2.39	2.68	31.5		
	催化裂解气	16.6	—		5	7	1	6.7	17.2	46.5		
液化石油气		—	50	50								
		1.5	4.5	26.2	—	—		—	—	—	10	54
生物气		60	—	—		35	少许	少许				

天然气与其他燃气性质的区别　　　表 2-10

燃气种类名称		相对密度	高热值（MJ/Nm^3）	低热值（MJ/Nm^3）	华白数（MJ/Nm^3）	爆炸极限〔%（体积百分比）〕	最大燃烧速度（m/s）	最低着火温度（℃）
人工燃气	煤制气 炼焦煤气	0.3623	19.8	17.6	32.9	4.5～35.8	0.857	500
	直立炉气	0.4275	18	16.1	27.6	4.9～40.9	0.851	—
	混合煤气	0.5178	15.2	13.8	21.1	6.1～42.6	0.842	—
	发生炉气	0.8992	6	5.7	6.32	21.5～67.5	0.195	640
	水煤气	0.5418	11.4	10.4	15.5	6.2～70.4	1.418	—
	油制气 催化裂解气	0.4156	18.4	16.5	44.4	4.7～42.9	0.978	—
	热裂解气	0.6116	37.9	34.7	48.5	3.7～25.7	0.603	

续表

燃气种类名称		相对密度	高热值 (MJ/ Nm³)	低热值 (MJ/ Nm³)	华白数 (MJ/ Nm³)	爆炸极限 [%(体积百分比)]	最大燃烧速度 (m/s)	最低着火温度 (℃)
天然气	四川干井天然气	0.575	40.3	36.4	53.2	5.0～15.0	0.38	530
	大庆石油伴生气	0.8054	52.8	48.3	58.8	4.2～14.2	0.374	—
	天津石油伴生气	0.7503	48	43.6	55.4	4.4～14.2	0.374	—
	矿井气	0.786	20.8	18.8	23.5	7.37～19.84	0.247	—
液化气	丁烷、丁烯	1.955	123	115	88.3	1.7～9.7	0.435	490
	丙、丁烷	1.818	117	108	87.1	1.9～9.0	0.397	490

二、天然气与其他燃气的应用对比

1. 天然气与人工燃气

天然气的热值比人工燃气高，在同样热负荷下可充分发挥城市管网的输气能力，提高输气的经济性。人工燃气一般供气压力较低，供气区域小；天然气供气压力高，可长距离输送。人工燃气使用时，对大气污染与天然气相近，但人工燃气是煤或油转化的产物，依然存在灰渣、废水等处理问题。人工燃气含较多的一氧化碳，少量泄漏就会对人体造成危害，甚至致人死亡；天然气(指商品气)组分无毒，只有大量泄漏，使空气中氧浓度减低才会造成人体的窒息。

2. 天然气与液化石油气

天然气与瓶装液化气比较，天然气由管道输送到住宅室内，由阀门控制，操作简单，占据空间小。而瓶装液化气需储罐，占据居室空间，还要更换气罐，对家庭较为不便。同时液化气气罐是带压容器，罐内为可燃物，需远离火源，防止受热超压，使用安全性上逊于天然气。

天然气比空气轻，泄漏时容易上升向大气逸散，液化气比空气重，泄漏时会积聚在居室下部，不易扩散。因此液化气泄漏造成爆炸、失火的危险比天然气大些。

无论是管道液化气还是瓶装液化气，其在室内的燃气管道的压力和燃气的灶前压力均大于天然气在该状况时的压力。

　　3. 天然气与空混气(液化石油气掺混空气)

　　空混气是空气和液化石油气以一定比例相混合而成的适宜管道输送的气源种类，是20世纪90年代在国内广泛使用的一种替代性气源，其替代的主要对象是天然气。因此在按比例掺混时，一般均以接近天然气的燃烧特性为依据。一般情况下，天然气与空混气比较比重不同，空混气比空气重，不易飘散。空混气的热值通常仍高于天然气。

第三章 天然气的净化、输送和储存

第一节 天然气的净化

天然气藏产出的气态烃含有许多化合物组分。气井产出的流体一般情况下是一种高速流。它是处于紊流状态不断膨胀的气体和液态烃的混合物，其中还含有水蒸气、游离水和固体杂质。在生产过程中必须把气态烃、液态烃和游离水进行分离，这种流体从高温高压的储气层流出后，环境条件发生了剧烈的变化，流体的相态也相应发生变化。

天然气的现场处理包括 4 个基本内容：

（1）从原油、凝析油和水中分离出气体和固体杂质；

（2）从气体中回收可凝析的烃蒸气；

（3）从气体中除去水蒸气；

（4）从气体中除去其他有害成分，如硫化氢、二氧化碳等。

20 世纪 90 年代后，人们环境保护意识的日益增强，世界各国制定出越来越严厉的环保法规，以进一步控制有害污染物的排放，这从客观上促使了天然气处理工艺的不断发展。输送过程中应对天然气中的有害成分进行限制，因为天然气的输送一般采用输气管道输送，天然气中的有害成分特别是 H_2S、CO_2、水会对输气管道、站场设备及仪器仪表产生很大损害，现行的国家规范（GB 17820—1999）中对天然气品质提出了要求，特别是对 CO_2 含量、硫含量和水露点都制定了指标限制，具体见第二章表 2-2。现行的国家标准是强制性的，显著提高了质量要求，具体表现在：一类气质已达到国际水平，二类气质则达到国际一般水平。三类气质是属于适应国情的一种过渡性标准。

另外，由于天然气产出地与使用地之间需要长距离输送，所以管输天然气对有害组分含量的要求一般有：

(1) 硫化氢和二氧化碳含量小。硫化氢含量应小于 $20mg/m^3$，最好小于 $5mg/m^3$；有机硫化物含量应小于 $250mg/m^3$；二氧化碳的体积应小于 2%（体积百分比）。

(2) 固体或液体杂质必须清除干净。

(3) 管输过程中要求不出现液态水，水汽含量也要尽可能小于 $0.2mg/m^3$。

一、天然气脱硫脱酸

天然气中存在的硫化物主要是 H_2S，此外还有可能含有一些有机硫化合物，如硫醇、硫醚、COS 及 SO_2 等。天然气中含有的 H_2S、CO_2 和有机硫等酸性组分，因为遇水后呈酸性，所以通常称为酸性气体。为达到管输天然气质量指标，脱除天然气中硫化物及 CO_2 的方法有：醇胺法(简称胺法)为主的化学溶剂法，以砜胺法为代表的化学-物理溶剂法，物理溶剂法、直接转化法、吸附法和非再生性方法等，其中最主要的是前两种。

天然气必须脱除硫化氢和二氧化碳这两种酸性气体。脱除硫化氢的主要原因是，硫化氢是一种有毒、恶臭的气体，民用燃料中不允许含有此气体。而且，硫化氢溶于水时具有极强的腐蚀性，它能造成管道、压力容器、阀门过早损坏，也能引起炼油厂设备中的催化剂中毒，所以常常使炼油厂不得不采取昂贵的预防措施。一般要求天然气管道输送中硫化氢的含量低于 4×10^{-6}（体积含量)ppm。

脱除二氧化碳的主要原因是其进入低温装置后会凝固，同时二氧化碳也有腐蚀性。且二氧化碳没有燃烧热值，所以大多数脱除硫化氢的过程中，也脱除二氧化碳，因而天然气脱除酸性气总量包括二氧化碳和硫化氢的量。

酸气脱除的基本原理是吸附作用。通常根据吸附剂对酸气的物理性或化学性亲合力来选择。吸附剂脱除酸气可以达到彻底性脱除，还有一种有潜力的脱除酸气的方法—气体渗析，但目前还没有在工业上运用。

在选择脱除酸气的工艺流程时要考虑如下因素：

（1）天然气的组成；

（2）待处理气体的酸气含量；

（3）最终达到的标准；

（4）处理气体的流量。

二、天然气脱水

从油气井采出或经湿法脱硫后的天然气中一般都含有饱和水蒸气，通常称"含水"。在向外输送前，通常要将其中的水蒸气脱除至一定程度，通常称为"脱水"。经脱水后的天然气，其露点或含水量符合管输要求。此外，防止天然气在压缩天然气（CNG）加气站的高压系统及液态馏分（NGL）回收和天然气液化装置的低温系统形成水合物或冰堵，也是对其深度脱水的重要原因。

天然气要脱除水蒸气的原因是：

（1）天然气中的水蒸气在管线中凝析，可能形成段塞流；

（2）含有液态水的天然气具有腐蚀性，尤其是天然气中还有二氧化碳和硫化氢时更为严重；

（3）水和天然气能形成固体化合物，堵塞设备。

目前新兴的、有广泛应用前景的天然气脱水方法是膜分离法。而天然气脱水的方法通常有冷却法、吸收和吸附法等。

三、脱除氮气和氦气

1. 脱除氮气

在某些情况下，天然气中氮气的含量可达到 10% 或 10% 以上。这种情况，氮气将影响天然气的热值，所以通常必须脱除氮气。

天然气脱除氮气通常采用低温蒸馏法，按照氮气的后来用途要求进行，也可以采用非制冷吸收处理工艺进行脱除。还有另外一些处理工艺，如隔膜处理工艺、压力波动吸附法（PSA）。

2. 脱除氦气

氦气在天然气中通常含量很低微。但是，当天然气中含氮气很高时，氦气含量往往也很高。表 3-1 为世界上一些地区天然气的氮气和氦气含量。

含氦天然气的典型组成[单位:%（摩尔百分比）]　　表 3-1

天然气源	He	N_2	CH_4	C^{+2}
波　兰	0.40	42.75	56.01	剩余部分
荷　兰	0.045	14.35	81.30	剩余部分
德　国	0.04	56.50	42.50	剩余部分
北海地区	0.03	1.30	94.70	剩余部分
美　国	0.70	—	—	剩余部分

当今世界上消耗的氦气都是由天然气生产出来的，主要产于美国。氦气用低温法分离。氦气的含量适中时，氦气的分离可以和氮气分离合并进行。得到的氦气必须纯化，一般纯度达到 99.995%。

四、脱除汞

有时天然气中也含有一定量的金属元素，例如，砷、汞、硒、钠等。天然气中含有汞，其含量有时高达 $50 \sim 300 \mu g/Nm^3$。即使少量也会引起腐蚀问题，特别是在铝热交换器中，腐蚀的程度尤为突出。

第二节　天然气的输气管网系统

天然气输气管网是指由若干条单独的长输管道相互连接而成的输气网络系统。20世纪 80 年代曾是全球油气管道建设的高峰期，90 年代，世界输油管道建设速度虽有所放慢，但输气管道建设活动依然很活跃。现在，输气管网已经成为整个天然气储运系统的重要组成部分，许多国家在规划发展天然气工业时，对建设输气管网系统越来越重视。近年来世界天然气管道发展呈现出长运距、大口径、高压力、高度自动化遥控、向极地和海洋延伸的特点。

一、管网的类型和形成条件

从世界上已经建成的管网系统看，输气管网有洲际间的、国际间的、全国性的和地区性的几种类型。

建设输气管网系统，必须具备两个条件：

（1）多气源：有丰富的天然气资源；

（2）多用户：有足够的天然气消费市场。

要建成管网，必须先建设多个输气管道工程，因为输气管网均是由单条管道构成的。世界上现有的各种输气管网，都是把已经建成的若干个单条的输气管道连接成管网的。我国目前已经建设完成的陕京输气管道、川渝输气管道、西气东输管道等若干条天然气管线在将来都要连接成网络，以提高供气的可靠性和安全性。

二、输气管网的优越性

人们从长期的天然气开发和利用的经验教训中认识到，单条输气管道具有许多局限性，在条件允许的情况下，应将若干单条输气管道相互连通，形成网络，这具有许多优越性，主要表现为：

（1）可提高供气可靠性，保证供气的连续性，这是发展输气管网系统的主要目的之一。实现管网化，将原来各个分散独立的气田通过管网相互连结起来，实行多个气源供气，使天然气供应避免受到某一气源故障的影响。

（2）有利于开拓天然气市场，提高天然气工业的经济效益和社会效益。在天然气工业发展的初期，单条输气管道输送的天然气，其销售市场的范围受到限制，大部分天然气直接消费在采气区和输气管道沿线地区。实现管网化，可使管网连接的每一气源越来越多地被输送到远离采气区和其他燃料价格较高的地区。这不仅能扩大了天然气的销售市场，也解决了许多地区燃料、能源紧张的问题和因使用其他燃料带来的环境污染问题。

（3）有利于充分利用输气管道的能力。与输气管网的服务寿命相比，单个气田或采气区的开发期限相对较短。在单条输气管的情况下，当气田(采气区)开采结束时，会出现无气可输的管道或管段。将各单条输气管道联结成管网系统，就能解决这一问题。通过调度改变输气流向，可保证管网系统中每条管道或管段的输气能力都能得到充分的利用。例如，在前苏联的输气管网中，将一部分西伯利亚开采的天然气交由高加索一中央输气系统输送，大大提高了该输气系统的输气量，通过改变流向，中亚开采的天然气可由波罗地海和白俄罗斯进行输送。

（4）有利于对整个输气系统实行计算机管理，实现全系统的优化操作。通过计算机管理，既能提高管网的输气效率，提高输气技术经济指标，又可提高供气的可靠性，降低操作费用，从而在整体上提高系统运行技术经济指标在控制、计算和分析方面的操作性和有效性。

（5）有利于提高输气调度的灵活性，为天然气工业采用调度自动化系统提供条件。按各个天然气消费系统的具体情况合理调度气流流向，供气的可靠性和经济性得到大大提高。

现在，输气管网已成为整个天然气储运系统的重要组成部分，许多国家在规划发展天然气工业时，对建设输气管网系统越来越重视。

三、输气工艺概述

长距离输送管道系统(常称为长输管道)的构成一般包括，干线截断阀室、中间气体接收站、清管站、障碍(江河、铁路、水利工程等)的穿跨越、输气干管、首站、中间气体分输站、城市储配站及压气站、末站(或称城市门站)，总流程图见图 3-1。同时还包括与管道系统密不可分的通信系统和自控系统。

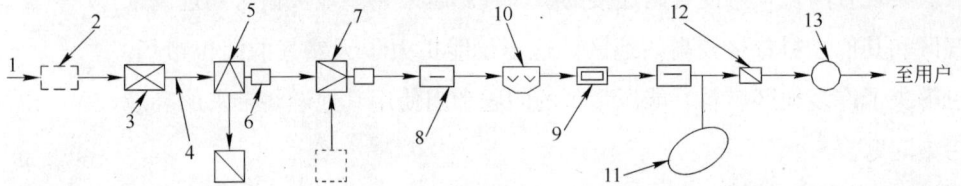

图 3-1　输气管道系统构成图

1—集气干线；2—气田或气田处理；3—首站；4—输气干线；5—气体分输站；6—阀室；

7—气体接收站；8—压气站；9—清管站；10—穿跨越；11—地下储气库；

12—末站(城市门站)；13—城市储配站

1. 首站

输气干线的首站主要是检测和计量进入干线的气体质量同时进行分离、调压和清管器发送等操作，见图 3-2。

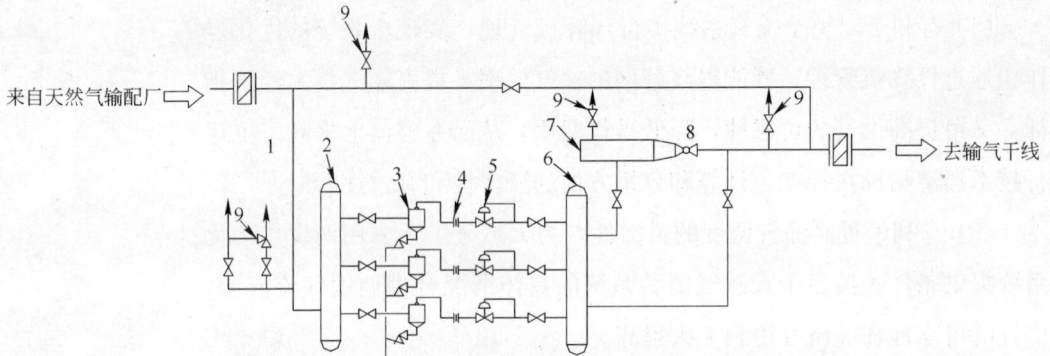

图 3-2　输气干线首站流程图

1—进气管；2，6—汇气管；3—除尘器；4—孔板计量装置；5—调压阀；

7—清管器发送装置；8—球阀；9—放空管

2. 中间分输(或接收)站

中间分输(或接收)站的功能与首站差不多，主要是给沿线城镇供气(或接收其他支线与气源的来气)，见图 3-3。

3. 末站(或称城市门站)

末站通常和城市门站合建，除具有一般站场的分离、调压和计量功

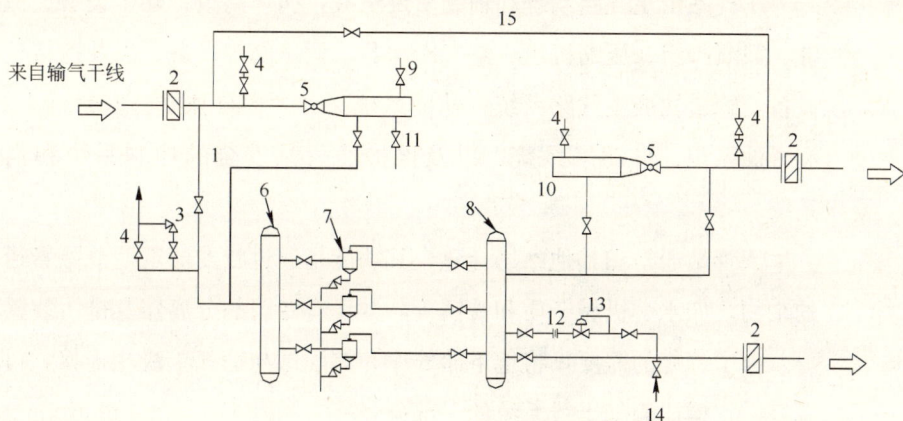

图 3-3　输气干线中间分输站流程图

1—进气管；2—绝缘法兰；3—安全阀；4—放空管；5—球阀；6，8—汇气管；7—除尘器；

9—清管器发送装置；10—清管器接收装置；11—排污管；12—孔板计量装置；13—调压阀；

14—用户支线放空管；15—越站旁通

能外，还可以给各类用户配气，加臭和进行气质检测等。工艺流程见本章第五节图 3-7。

4. 城市储配站

城市储配站的主要任务是向城市输配管网分配燃气和进行燃气储存加压。储配站的工艺流程有：高压储存一级调压、中压或高压输送流程和高压储存二级调压、高压输送流程。工艺流程见第五节本章图 3-8。

5. 其他设施

为及时进行事故抢修、检修设置干线截断阀室。根据线路所在的地区类别，每隔一定的距离设置一座阀室。

为提高输气压力而设压气站作为中间接力站。按压气站在输气管道中的位置可分为首站、中间站、末站。末站增压除提高输气能力外通常还增加末段管道储气调峰的作用，有的干线压气站和储罐或地下储气库相连。压气站通常总是和清管站合建，除增压外，它还要完成清管作业。首站、末站或支线上的压气站还可以进行调压计量。

压气站由主气路系统和辅助系统组成，循环阀组、除尘设备、流量计、截断阀组、压缩机组、空气冷却器、调压阀等设备、以及连接这些设备的管道构成主气路系统；辅助系统又分为各自独立的密封油系统、润滑油系统、自动气系统、以及保护压气站安全的控制系统和消防系统。

清管站通常和其他站场合建，其功能是通过收发球定期清除管道中的杂物，如水、机械杂质和铁锈等，并设有专门的分离器及排污装置。

为了调峰的需要，将地下储气库和储配站与输气干线相连接，可以调峰，它构成输气干线系统的一部分。

输气管道的通信系统分有线（架空明线、电缆、光纤）和无线（微波、卫星）两大类，通常又作为自控的数据传送通道。它是输气管道系统进行生产调度、日常管理、事故抢修等必不可少的，是实现安全、平稳供气的保证措施。

第三节　天然气的储存

一、储存目的

天然气供应和需求之间始终存在着不均匀性，这主要是由季节性气温变化、人们生活方式造成的用气量变化，某些用气企业生产、停产检修及事故等引起的。在天然气到来之后，天然气开采净化为上游，一般平衡城镇燃气逐月、逐日的用气不均匀性，是由供应城镇燃气的上游方（气源方）统筹调度解决，长输管道为中游，城镇燃气属于整个天然气系统的下游（需气方）。

天然气储存是调节供气不均衡性的最有效手段，可大大降低季节性用量波动和昼夜用气波动所带来的管理上和经济上的损害；保证系统供气的可靠性和连续性；可充分利用生产设备和输气系统的能力，保证输气系统的正常运行，提高输气效率，降低输气成本。

二、储存方式

天然气储存方式总体可分为地面储存和地下储存，细分可分为天然气水合物储存(固态储气)、地下储气库储存(地下储气)、低温液化储存(液态储气)、容器储存等。见表3-2。

天然气储存方式 表3-2

地面储存	容器储存	金属罐(球罐)储存	低压储存
			高压储存
		金属管道(管束)储存	
		低温溶剂储存	
	天然气液化储存		
	天然气水合物储存		
地下储存	地下储气库	枯竭油气田	
		地下含水层	
		岩盐洞穴	
		废煤矿	

1. 长输管道末段储气

长距离输气管道最末一个加压站出口至管线终点分输站的一段管道称为管线末端。城镇用气有季节、日、时的不均衡性，而气源生产一般是均衡的，这就产生了供需的不平衡，管线末端所具有一定的储气能力可以解决这种不平衡。

利用长输管道末段起点和终点的压力变化，可以改变管道中的存气量，达到储气的目的。用气高峰时，不足的气体由管道中已经积存的气体补充，起点、终点的压力会降低。用气低峰时，多余的气体存入管道中，起点、终点的压力升高；具有储存能力的末段管道应满足以下条件：

(1) 有足够的储存容积；

(2) 在储存和消耗过程中，管段一直能容纳稳定的气量；

(3) 管段的最高工作压力(P_{1max})不高于输入压力(P_{in})；

（4）管段的机械强度应承受最高工作压力（P_{1max}）和最低工作压力（P_{2max}）所决定的沿线压力和平均压力。

2. 容器储存

天然气常用的储存方式为容器储存，即用金属罐储气。按工作压力的高低，可分为低压储气罐和高压储气罐。高压储气罐的工作压力为 0.07～3.0MPa。低压储气罐的工作压力一般为 0.004～0.005MPa（表压），主要用于化工厂和石油化工厂，作工艺气的中间储存。按形状可分为圆筒形罐（分卧式和立式）和球形罐。目前国内外较广泛采用的球形罐的容积在 5000～10000m³。高压储罐储存的天然气主要用于城市配气系统作昼夜或小时调峰供气，但是储罐容积较小，经济性较差。

另一种容积式储气方式是用若干管道构成的管束埋在地下，构成储气设备。与球罐相比，这种储气方式运行压力高于球罐，埋地较安全，建造费用低，占地面积较大。管束储气设施的储气量不大，主要用作城市配气系统昼夜调峰。

3. 溶剂储存

天然气可溶解在丙烷、丁烷，及其混合溶剂中，而且溶解度随着压力的增加和温度的降低而提高。天然气在液化石油气中储存比天然气液化后储存时高 4～6 倍（就压力和温度而定）。这种系统操作简单、安全而且经济。在这种储气系统中，当用气高峰时，罐内压力会降低，天然气将自动地掺混一部分液化石油气供入管网。这样天然气管道可以长期的均衡供气，管道利用系数随之提高。其装置流程如图 3-4。

这个系统具有储存和混气两个功能，但系统储气量有限，而且需要补充液化石油气，在实际工作中很少使用。

4. 固态储存

天然气固态储存，也就是通常说的天然气水合物储存。储存方法是将天然气（主要是甲烷）在一定的压力和温度下，转变成固体的结晶水合物。这种固体天然气水合物能在常压下（只要低于水的冰点几度即可）储

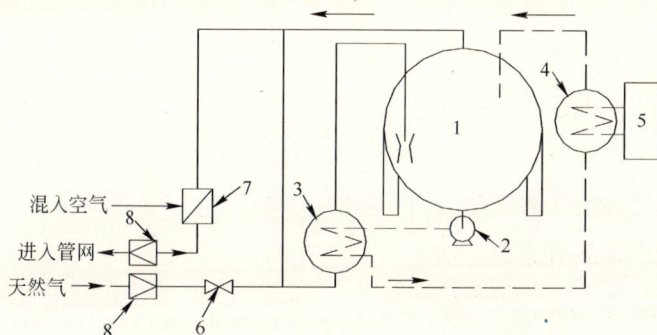

图 3-4 天然气在低温液化石油气中的储存

1—贮罐；2—循环泵；3、4—换热器；5—制冷装置；

6—限流阀；7—发热值调节装置；8—调压器

存于钢制储罐中。

这种水合物的化学式为 $CH_4 \cdot 6H_2O$ 或 $CH_4 \cdot 7H_2O$。天然气分子位于晶体结构的内部，而不是位于单个晶体之间的空间。其结构是由几种笼形结构组成，笼是由几个水分子的氢键结合而形成的，每个笼里含有一个天然气分子。甲烷形成水合物与温度和压力有关。压力越高，形成水合物的温度越低，越易形成甲烷水合物。当甲烷内混有少量较重的烃时，水合物形成的压力显著下降。

以水合物形式储存天然气有如下优点：工艺流程得到了大大简化，不需要复杂的设备，只需一级冷却装置；在水合物状态下储存天然气的设备不需要承受压力，可用普通钢材制造；在水合物状态下储存天然气比较安全。目前的研究表明，天然气水合物技术对于处理海上油田或陆上边远油气田的天然气是一种有吸引力的方案。天然气水合物技术不但安全，而且对环境无污染，可以在任何规模下使用。但至今该项技术还处于研究阶段。

5. 地下储气库

地下储气库是天然气储存的最佳方式，是天然气储运系统的一个重要组成部分。地下储气库是利用适合的地下构造，如枯竭油气田、含水层、岩盐洞穴和废煤矿以解决天然气供销不平衡而建设的一种地下储气设施。地下储气库的主要作用有：

（1）协调天然气的供求关系；

（2）优化输气管网的运行，提高经济效益；

（3）提高供气的安全性和可靠性；

（4）实现战略储备；

（5）影响气价，实现价格套利。

因此，地下储气库是一个国家和某一地区能源储备中不可缺少的重要设施，世界各主要产气和用气大国都非常重视发展地下储气库。近年来，随着国内天然气工业的发展，我国也开始了地下储气库的规划研究和建设工作。

第四节　液化天然气的储存和输送

甲烷的临界温度为 $-82.1℃$，临界压力为 $4.49MPa$。在常压下，将天然气深度冷却到 $-162℃$ 时即可液化，制成液化天然气。这是天然气以液态存在的形式，其体积仅为气态时的 1/600。液化天然气体积小，适合于用船远洋运输和贸易，所以液化天然气成为除管道以外另一种重要的输送天然气的运输方式。

因为液化天然气具有可燃性和超低温储存的特点，所以储存设施要求很高，迄今广泛应用的是地面圆筒形双层壁储罐。

出于经济和安全考虑，液化的天然气必须在常压下保持液态，而不采取加压压缩。据专家预测，世界天然气贸易量会急剧增长，会从 1994 年的 $84.57×10^9 m^3$ 增加到 2000 年的 $125×10^9 \sim 135×10^9 m^3$，到 2010 年会达到 $180×10^9 \sim 200×10^9 m^3$。

液化天然气输送主要包括如下环节：

（1）对天然气处理后，用管线输运送到港口。这种处理要求与管线输送相似。

（2）对天然气再处理，以满足液化处理标准。

（3）天然气液化，可以同时进行分馏。

（4）储存及装载(码头)。

（5）液化天然气船运输。

（6）接受及储存。

（7）再气化。

天然气液化是一个降低温度的过程，原料气经处理后，进入换热器进行低温冷冻循环，冷却至－162℃左右就会液化。目前世界上已成熟的天然气液化工艺有：节流制冷循环，阶式制冷循环，膨胀机制冷循环，混合冷剂制冷循环，带预冷的混合冷剂制冷循环等工艺。

一、液化天然气的低温储存

液化天然气储罐是液化天然气(LNG)接收站和各种类型液化天然气工厂及装置不可缺少的重要设备。由于液化天然气具有可燃性和超低温性(－162℃)，因而对液化天然气储罐要求很高。储罐在常压下储存液化天然气，罐内压力3.4～17.2kPa，储罐的蒸发量一般为0.04％～0.2％，小型储罐蒸发量较高为1％。储罐有安装在地面和地下之分。

1. 地面储罐

目前世界上应用最广泛的，以金属材质地面圆柱状双层壁的储罐为主，见图3-5。

这种双层壁储罐是由内罐和外罐组成，两层壁间填以绝热材

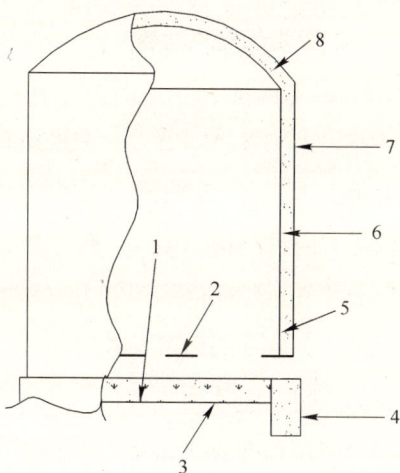

图 3-5　地面双层壁储罐

1—外底；2—内底；3—砂土层中加热盘管；

4—混凝土围墙；5—隔热层；6—内壳；

7—外壳；8—疏松的珠光砂隔热层

料。与液化天然气接触的内罐材料大都是用 9％ 镍钢、珠光体不锈钢或铝合金；外罐材料一般为碳钢、绝热材料采用珠光砂、聚氨酯泡沫塑料、聚苯乙烯泡沫塑料、玻璃纤维或软木等。为了防止罐顶因气体压力而浮起和地震时储罐倾倒，内罐用锚固钢带穿过底部隔热层固定在基础上，外罐用地脚螺栓固定在基础上。未来的地面储罐发展，必须具有经济性和可靠性，能最大限度节约土地。

2. 地下储罐

除罐顶外大部分(最高液面)在地面以下，罐体座落在不透水稳定的地层上，为防止周围土壤冻结，在罐底和罐壁设置加热器，有的储罐周围留有 1m 厚的冻结土，以提高土壤强度和水密性。液化天然气(LNG)地下储罐的钢筋混凝土外罐，能承受自重、液压、土压、罐顶、温度、地震等载荷。内罐采用金属薄膜，紧贴在罐体内部，金属薄膜在 −162℃ 具有液密性，能承受液化天然气进出时产生的液压、气压和温度变动，同时还具有充分的疲劳强度，通常制成波纹状。

二、液化天然气运输

1. 海上运输

液化天然气国际贸易大多采用专用的运输船来完成。液化天然气船运业始于 20 世纪 60 年代，在 70 年代开始蓬勃发展。目前液化天然气运输船有两种结构类型：一种是集合式罐，另一种是自撑式罐。这几年液化天然气运输船的运输能力逐年增大，一般为 125000m³。

液化天然气船体都是双层结构，为减轻在发生搁浅或相撞事故储罐破裂的危险，船外壳与液化天然气罐之间设置储水空间，液化天然气运输船的储存系统要求在常压下温度保持在 −162℃。主要靠储罐自身的隔热性能及甲烷气化使液化天然气保持在低温状态。图 3-6 为典型液化天然气(LNG)船剖面图。

贮存容器须保持压力密闭，气化的天然气被抽出作燃料。现有的液化天然气贮存系统有隔膜式和自立式两种。

隔膜式的船内壳结构为整体贮存容器，罐壁的第一层为不锈钢板，第二层为可承载隔热层的特殊钢材。储罐载荷直接作用在船壳体上，各个储罐是在船上现场制作。

自立式贮存容器自成一体，不是船体的组成部分，储罐外表面是非承载隔热层。根据储罐的设计、材质和技术分析，第二层罐壁只是局部需要。自立式储罐一般在专业厂整体式分体预制，然后在船上安装或组装。

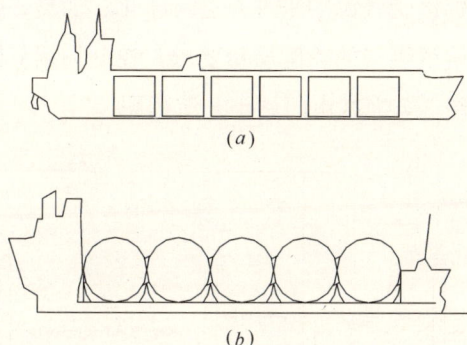

图 3-6　典型液化天然气(LNG)船剖面图

(a)隔仓式液化天然气(LNG)船；(b)球型储罐液化天然气(LNG)船

2. 陆上运输

液化天然气的陆上运输主要是利用汽车槽车，液化天然气每天的蒸发量与容积大小有关，容积愈大，蒸发量愈小。迄今为止还没有采用低温管线长距离输送液化天然气(LNG)的实例，目前在文莱有 4km 长的液化天然气(LNG)输送管线。因为液化天然气密度比天然气大 600 倍，所以与天然气输送管线相比，液化天然气的输送管线直径要小的多，但需要采用较贵的镍钢和性能良好的低温隔热材料。远距离输送时还需建中间补冷站，建设投资费用较高。

铁路长距离运输液化天然气与管线长距离运输一样，储罐需要良好的绝热保温，还需中间补冷措施，投资较高，操作也是很不方便。

第五节　城镇天然气输配系统

一、城镇输配系统的组成及分类

城镇天然气输配系统主要由门站、天然气输配管网、储配站、调压站和控制设施等组成。

1. 门站

门站主要负责接受气源的来气并进行净化、加臭、贮存、计量及气质检测等，根据城镇供气的输配质量要求，控制和调节向城镇供应的燃气流量与压力。图 3-7 为城市门站工艺流程图。

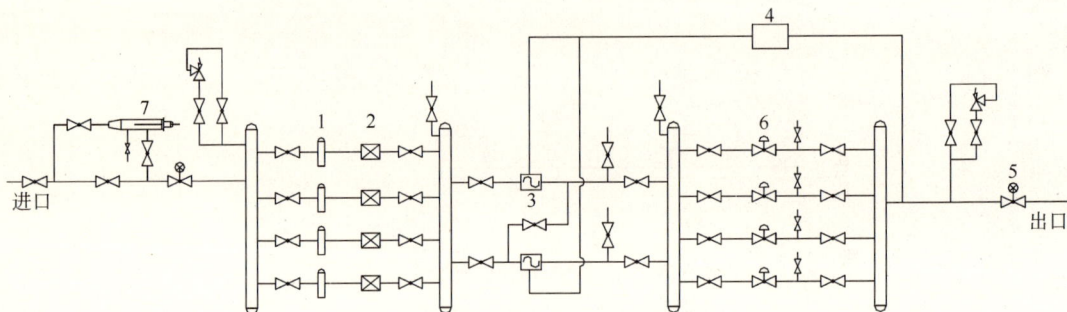

图 3-7　城市门站工艺流程图

1—旋风除尘器；2—过滤器；3—超声波流量计；4—加臭系统；

5—电动球阀；6—调压器；7—清管球接收、发送装置

2. 储配站

天然气储配站主要由储气罐及附属设施组成。储气罐主要利用球罐或储气管束储存天然气，有条件的地方也可用液化天然气作为调峰储存。图 3-8 为储配站工艺流程图。

3. 调压站

调压站设备主要有调压器和计量装置（各调压站内是否设置计量装置一般取决于经营的需要）。调压器在城镇管网系统中是调节燃气供应压力的降压设备，调压器按用途、设置地点或供气对象，可以分为各种

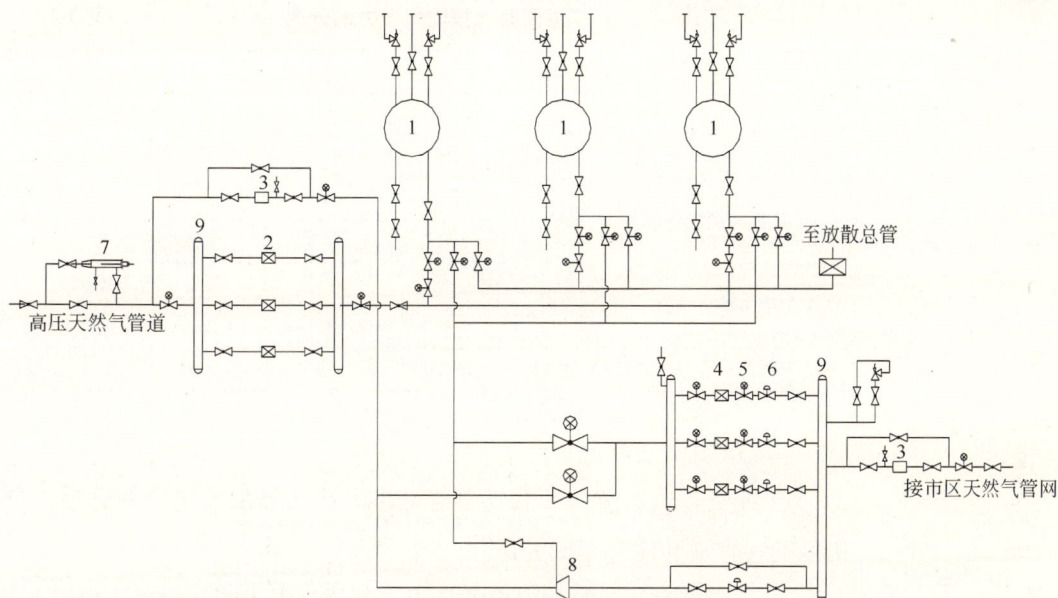

图 3-8 储配站工艺流程图

1—天然气储罐；2—过滤器；3—涡轮流量计；4—过滤器；5—电动调节阀；

6—调压器；7—清管球接收器；8—引射器；9—汇管

不同的类型，见表 3-3。

调压器的分类   表 3-3

分类方法	类 型		
按供应对象	区域调压器	专用调压器	用户调压器
按 用 途	高中压调压器	高低压调压器	中低压调压器
按设置方式	地上调压器	地下调压器	

4. 输配管网

城镇天然气输配管网是指气源至用户之间的输配管道。根据压力、用途以及敷设方式进行分类。

（1）按输气压力分类

根据 GB 50028—93(2002)规定，城镇燃气设计压力分为 7 级。见表 3-4。

输配管网按输气压力的分类　　　　　　　　表 3-4

名　　称		压力(MPa)
高压燃气管道	A	2.5＜P≤4.0
	B	1.6＜P≤2.5
次高压燃气管道	A	0.8＜P≤1.6
	B	0.4＜P≤0.8
中压燃气管道	A	0.2＜P≤0.4
	B	0.01≤P≤0.2
低压燃气管道		P＜0.01

（2）按用途分类

1）配气管道：接自天然气干管，将天然气分配给用户的管道。分街区配气管道和住宅区配气管道。

2）室内管道：建筑物内部的管道，其通过引入管与配气管相连。

3）输气干管：连接气源与供气区域的管道。

4）工业厂区管道：在工厂区域内相互连接的配气管道，与干管相连接。

二、天然气供应方式和管网系统压力级制

1. 供应方式和压力级制

天然气供应方式以气源压力区分，可分为低压供气、中压供气和高压供气三种方式。城市输配系统的主要部分是燃气管网，根据所采用的管网压力级制不同，可分为：

（1）一级系统：仅由低压或中压一种压力级别的管网分配和供给的天然气管网系统。

（2）二级系统：以中-低压或高-低压两种压力级别管网组成的管网系统。

（3）三级系统：以低压、中压和高压三种压力级别管网组成的管网系统。

2. 采用不同压力级制的必要性

天然气输配系统中管网采取不同的压力级制，有以下的原因：

（1）各类用户需要的压力不同。如居民用户和小型公共建筑用户需要低压燃气，而大型工业企业则需要中压或更高的燃气供应。

（2）消防安全的要求。在城市未改建的老区，建筑物比较密集，街道和人行道都比较狭窄，不宜铺设高压或次高压管道。此外，由于人口密度较大，从安全运行和方便管理的观点看，也不宜敷设高压或次高压管道，而适合铺设中压和低压管道。同时，大城市的燃气输配系统的建造、扩建和改建过程要经过许多年，所以在城市的老区原来设计的燃气管道的压力，大部分比近期新建造的管道压力低。

（3）采用不同的压力级制是比较经济的。因为若大部分燃气由较高压力的管道输送，管道的管径可以选的小一些，管道单位长度的压力损失可以选得大一些，以节省材料。如由城市的某一地区输送大量燃气到另一地区，则采用较高的输气压力经济上比较合理；有时对城市里的大型工业企业用户，可铺设压力较高的专用输气管线。当然管网内燃气的压力增高后，输送燃气所消耗的能量可能也随之提高。

3. 供气方式和管网压力级制的选择

保证天然气供应安全可靠的首要原则是选择合理供应方式及管网压力级制，对此应加以充分地调查和论证。必须对供气方式及管网压力级制的建设投资、运行管理费用及技术的合理性做出多种方案，进行全面的综合比较，选择最佳方案作为定案依据。

无论是老城市，还是新建的城市，在选择燃气输配管网系统时，应考虑许多因素，其中最重要的因素有：

（1）城市规模、远景规划情况、街区和道路的现状和规划、建筑特点、人口密度、居民用户的分布情况。

（2）燃气的种类和性质、供气量和供气压力、气源的发展或更换气源的规划。

（3）对不同类型用户的供气方针、气化率及不同类型的用户对燃气压力的要求。

（4）原有的城市燃气供应设施情况。

（5）城市的地理、气候、地形条件，铺设燃气管道时遇到天然和人工障碍物（如河流、湖泊、铁路等）的情况。

（6）用气的工业企业的数量和特点。

（7）储气设备的类型，以及储气、调压、计量设备和管道材料等供应情况，运行管理费用、动力供应的可靠性及费用。

（8）城市地下管线和地下建筑物、构筑物的现状和改建、扩建规划。

（9）城市今后的发展。

三、天然气的加臭

城市燃气应具有可以察觉的臭味，对于无臭或臭味不足的燃气应加臭。城市用天然气本身没有臭味，必须加臭。多数燃气企业都选用整体撬装的自动控制加臭系统进行加臭。

1. 燃气中含臭剂量的要求（GB 50028—932002）

（1）无毒燃气泄漏到空气中，达到爆炸下限的 20％浓度时，应能察觉。

（2）有毒燃气泄漏到空气中，达到对人体允许的有害浓度时，应能察觉。

（3）对于以一氧化碳为有毒成分的燃气，空气中一氧化碳含量达到 0.02％（体积百分数）时，应能察觉。

2. 臭味剂的选择原则

（1）与燃气混合后具有特殊的臭味，且与一般气体气味有明显的区别，如汽油味、厨房散发的油味和化妆品散发的气味等。

（2）不应对人体、管道或与其接触的材料有害。

（3）易于操作，价格低廉。

（4）能完全燃烧，燃烧产物不应对人体呼吸有害，并不应腐蚀或伤害与此燃烧产物经常接触的材料。

（5）有适当的挥发性，溶解于水的程度不应大于 2.5%（质量分数）。

（6）应有在空气中能察觉的含量指标。

3. 常用臭味剂

臭味剂一般为硫醇和带环状的硫化物两种。常用的臭味剂见表 3-5：

常见的臭味剂 表 3-5

序 号	名　称	简　称	分 子 式
1	四氢噻吩	THT	C_4H_8S
2	三丁基硫醇	TBM	C_4H_9SH
3	正丙硫醇	NPM	C_4H_7SH
4	异丙硫醇	IPM	C_3H_7SH
5	乙硫醇	EM	C_2H_5SH
6	乙硫醚	DES	$C_4H_{10}S$
7	甲硫醚	MES	C_8H_8S
8	二甲基硫醚	DMS	C_2H_6S
9	w(乙硫醚)=72%	BE	
	w(三丁基硫醚)=22%	BE	
	w(乙硫醚)=6%	BE	

四氢噻吩是国际上广泛使用的燃气气味添加剂，它与被广泛采用的气味剂乙硫醇相比，具有抗氧化性能强、化学性稳定、气味存留时间久、烧后无残留物、不污染环境、添加量少、腐蚀性小等优点。

四氢噻吩的英文名称是 Tetrahydronthiophene。四氢噻吩是无色透明油状液体，具有恶臭气味，相对密度为 0.9987；沸点在 0.1MPa 时为 120.9℃，冰点为 -96.16℃，自燃点为 200℃；溶解性 20℃时几乎不溶于水，可溶于乙醇、乙醚、丙酮；爆炸极限在 20℃、0.1MPa 时为 1.1%～12.1%。

第四章　天然气管网置换

　　燃气置换是一个复杂的系统改造工程，事前必须做好计划，按照严格的程序进行。管网系统的置换应包括完善的项目管理、周详的前期工作、严格的置换作业监控、适当的调度及妥善的善后工作。在整个置换过程中力争做到"零事故、无投诉、少扰民"。

　　管网置换范围：天然气门站、输出高压管道、高中压调压站、中压管网、中低压调压站(调压柜、调压箱)、低压管网和楼栋引入管的地上阀门。

第一节　置　换　启　动

一、组建领导机构和制定总体置换计划

　　为管网置换组建领导机构和制定总体置换计划的工作应与公司整个置换工程有机地结合起来，管网置换仅是整个置换工程的一部分。

　　必须及早组建领导机构和编定总体置换计划。例如，中等规模的城市，在天然气置换的一年半前就需要启动置换计划，将置换的各项准备工作投入实际运作；大城市则需要提前二三年以上的时间。

　　天然气管网指挥部(或称为领导小组)应由燃气公司领导、总工室、工程、运营等部门的权威人士组成，并可视实际情况请政府主管部门的人员参加。

天然气管网置换指挥部考察、收集相关信息、并结合该城市的情况，制定总体置换计划，审批天然气置换的各类指导性文件及技术方案，为置换工程提供技术及其他方面的支援，还包括决定管网置换常设工作机构、分项实施组织、管网置换时间表、进度计划等。

二、管网置换实施组织架构

1. 常设工作机构

常设工作机构是负责实际运作的机构，工作内容有制定天然气置换的各类指导性文件，定期向天然气管网置换指挥部汇报管网置换各项工作的进展，接受指挥部的新部署，为各分项置换机构安排、协调工作。

2. 分项置换机构

分项置换机构视置换工程的规模大小而定，为常设组织或兼职组织，负责编制置换方案和实施置换方案。分项置换机构涉及技术、运行、施工、后勤、安全等，具体分工视实际情况而定。例如可包括资料组、调查组、整改施工组、方案编制组、物料供应组、置换组、调压组、后勤组、协调组和应急抢修(险)组等。

天然气置换工作是政府和各燃气公司共同面对的重要工作，各方面需要高度重视，不仅要成立相应的组织架构，而且要使该组织架构尽快地高速运转起来，确保天然气置换工作有序开展、顺利完成。

第二节　管网调查

管网情况的资料收集与整理是整个置换工程的基础。只有通过对管网现状资料的认真分析，才能制定科学合理的置换方案，才能保证置换工作的顺利实施。

一、管网资料的收集

完整的管网建设竣工资料应包括竣工验收资料、管网竣工图纸、相关职能部门的审批文件，其内容必须包括管道、调压器、阀门、凝水缸、管道防腐保护。特别注意：竣工资料包括初期建设资料和其后不断的改进更新的相关内容。

(1) 燃气管道

1) 管材(材质资料、生产及使用日期)；

2) 管径、壁厚、管长、管件；

3) 置换启动管道及管件的安装位置和分布情况；

4) 接口连接方式及密封填料；

5) 管道埋设深度及坡度；

6) 管道设计压力及运行压力；

7) 防腐方式及防腐等级。

(2) 调压设施

1) 规格及型号；

2) 供应及生产厂家；

3) 安装位置及周围环境；

4) 设计压力及运行压力；

5) 运行状况。

(3) 阀门

1) 规格与型号；

2) 设计及运行压力；

3) 供应及生产厂家；

4) 开关状态；

5) 安装位置及分布。

(4) 凝水缸

1) 规格及型号；

2) 设计及运行压力；

3) 供应及生产厂家；

4) 安装位置及分布。

（5）钢管外加防腐保护

1）规格及型号；

2）供应及生产厂家；

3）安装位置及分布。

二、管网运行调查

各城市的燃气管网系统会因供气区域、使用年限、地质、气质参数、其他邻近工程建设等因素的差异而有不同的运行状况。因此，管网系统的改造必须认真了解现有管网运行状况后，才能制定科学合理的置换方案，管网系统的改造既要考虑改造的安全性，又要注意降低投资成本。管网运行调查应包括：

（1）管网现状

1）据竣工资料对现有管网设施进行普查，在此基础上绘制管网设施平面布置图，必须准确；

2）现有管道是否有违章现象；

3）现有管道腐蚀程度、受损程度；

4）阀门、凝水缸、调压器等有无泄漏、腐蚀现象。

（2）运行维修记录

1）检查现有管网、设施系统维护抢险记录及了解其气体泄漏事故的分布和原因；

2）评估现有管网的可靠性；

3）分析现有输配系统产生的供销差。

（3）运行参数

根据置换前后的气体性质不同，计算原有管网供气能力及设定现有管网置换的压力级制。

三、成立资料中心

把所有管网资料集中处理并存储在计算机系统内，建议应有分片、分区、分段、分园（苑）等形式的分类和汇总，以备置换时和置换后运行时的检索。

（1）管网竣工资料

包括管道、调压器及其他设施的资料。

（2）管网平、立面布置图

包括管道、调压器及阀门，其他邻近和相交的地下设施的资料。

（3）运行维修记录

包括现有中低压管网、调压器、阀门及其他设备的完好程度、泄漏情况、泄漏点分布和泄漏原因。

第三节　置换管网改造方案

一、确定压力级制

应分析和吸收国内外的先进经验，根据《城镇燃气设计规范》，再结合原城市输配系统的实际状况来确定压力级制。及时确定输配系统中的压力级制，对燃气工程的投资、运行管理、供气安全可靠性、企业利润有着极其密切和重大的关系。确定了压力级制，就可指导过渡时期的新管网建设和老管网改造，为天然气置换奠定良好的基础。

城镇燃气输配系统压力级制是经过多方案比较，择优选取技术可靠、经济合理、安全可靠的方案。天然气从门站出来，经高压管线至高中压调压站调压，然后进入中压管网，再经中低压调压站调压后，送至燃气用具。

现在常用的调压方式有户内中——低压调压、楼栋中——低压调压和区域中——低压调压三种方式。

户内中——低压调压方式工程造价较低，但由于地上管连接的相对不可靠性，一旦发生中压系统泄漏，危险性远大于低压系统，故选用户内中——低调压工艺要特别谨慎。

楼栋中——低压调压方式仍有一段中压垂直引出立管（在楼栋调压

器前)外露,此段管自然氧化腐蚀程度大、存在车辆等机械碰撞及其他因素损坏的可能性也较大。一旦气体泄漏时,它可能对附近的行人及大厦构成危险。另外楼栋中——低压调压方式与区域中——低压调压方式比较,楼栋中——低压调压箱数量多、管理和维修的工作量都很大,已投入运行的中压地下管接分支管的难度大,出事故维修(抢修)的难度也大。

区域中——低调压方式没有楼栋中——低调压和户内中——低调压的缺点。与这两种调压方式相比,安装地下管网的投资约增加10%,但区域中——低调压安全系数大,供气的稳定性强。采取区域中——低调压方式,在来往行人多的市区街道、密集的住宅区、高层建筑、机关、学校、酒楼、医院等重要的场所,管道均为区域集中调压后的低压管网,符合综合考虑安全因素的原则。

安全与经济是相辅相成的,只有安全才有经济效益,只有长久安全,才有长久且更大的利润。安全、投资、利润是辩证统一的。各城市可根据实际情况选择一种或多种调压形式相结合的调压方式。

根据港华燃气集团近年的运行经验,综合考虑风险评估和经济因素,建议选择以区域中——低压集中调压为主、楼栋中——低压集中调压为辅的调压方式,不宜采用户内中——低压分户调压的方式。楼栋调压和户内调压宜采用低——低压入户的压力级制。

悬挂在建筑物外墙上的调压箱应选用调压负荷小的工况,而安放在地表基础上的调压柜则选择较大的调压负荷。一般调压为双路(可分主辅),各路应设有单独的过滤器、压差表,需有超压自动切断和安全放散装置。调压箱(柜)外壳体通常选用耐腐蚀材料。

二、置换管网改造

1. 燃气管道的改造

根据调查资料可知,不同城市和地区的燃气管网,大多是由多种类型的材质组成的,包括钢管、聚乙烯(PE)管、镀锌管、铸铁管及水泥管等。在这些管材中，钢管、聚乙烯管及镀锌管都是适应天然气运行的，承插式柔性机械接口的铸铁管一般也仍可满足天然气运行的要求。但其他的管材及管件，例如油麻丝接口或铅口的铸铁管和水泥管等必须经改造后才能满足天然气的输送要求。如不经改造，则通入干燥的天然气后可能引致接口泄漏。

对铸铁管及水泥管煤气管道的改造方法通常有重新敷设法、破管法、穿管法、内衬法、锻模套管法和局部修复法(不能进行长距离开挖的路段，可考虑用此法作为临时措施)图 4-1～图 4-7 为这些改造方法的示意图。至于选用何种方法，需进行全面的技术经济比较，同时对制约工程进度的因素进行判断，选择施工难度小、工程进度快、投资少的方法进行改造。

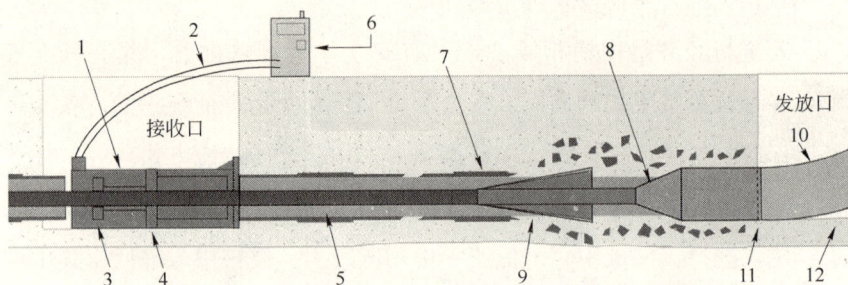

图 4-1　破管法施工示意图

1—绞车；2—软管；3—活动夹具；4—固定夹具；5—铁杆；6—液压机；
7—旧管；8—破头；9—破管刀；10—新管；11—拖头；12—导向沟槽

图 4-2　破管刀破管示意图

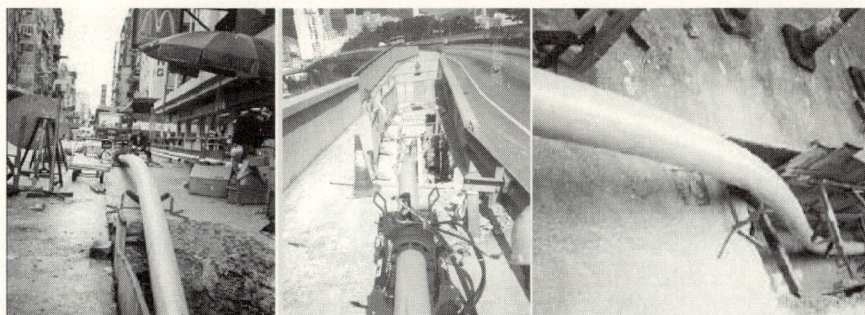

图 4-3　穿管现场施工图

图 4-4　内衬管施工图

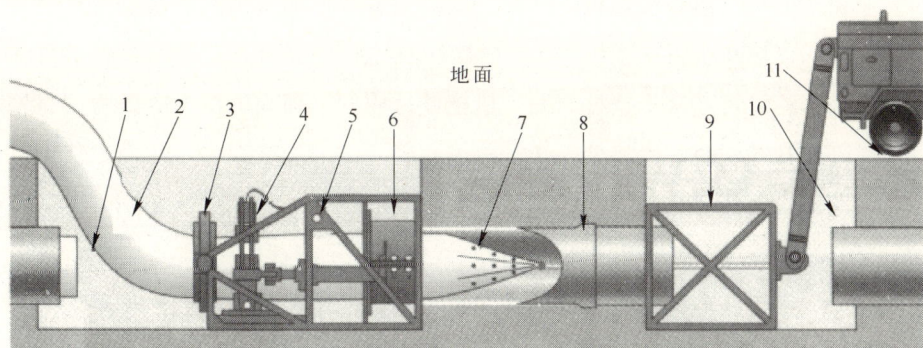

图 4-5　锻模套管施工示意图

1—入口；2—新管；3—锻模；4—推管器；5—滑轮；
6—管钳；7—推管帽；8—旧管；9—支架；10—出口；11—绞车

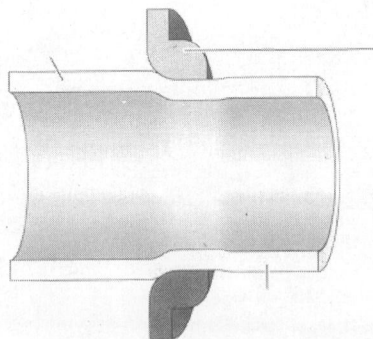

图 4-6　图 4-5 中图示 6 的放大图

图 4-7　锻模套管施工现场

重新敷设法，即重新建设适合天然气输送的燃气管线，将原有的燃气管网彻底废除。一般在原管线已失去利用价值、资金充足的条件下选用此法，最好能在城市道路改造期间，与其他城市公用设施同时施工。

破管法使用一组液压破管器，从旧管道内推进，先将旧管击破，并在破管器末端同时拖入一组扩土器，将已击碎的管道推入两侧的泥土，同时将管道圆孔扩大，在扩土器末端一同拖入已连接好的聚乙烯新管道。施工时，将要改造的燃气管用惰性气体置换后，放入遥控摄录机检查整段待改造管段，再以弹簧片式的清管器清洁管内壁。准备工作完成后，以液压机将一根约 1m 长的铁杆由接收坑推至入口坑，再将破管刀和聚乙烯管连接于铁杆，液压机把铁杆收回。强大的拉力令破管刀将旧管破开的同时，也将聚乙烯管拉进已破开的旧管空间中，从而取代旧管承担供气任务。此方法的好处可将原有的管径扩大，如 ϕ200mm 可扩至 ϕ300mm，但缺点是只可使用在直线管段，不能拐弯。

穿管法也称聚乙烯插管技术，即利用液压夹具和推动器将聚乙烯管插入旧的铸铁管或水泥管中，用新的聚乙烯管输送天然气。本法具有免开挖的优点，施工设备投资也较低，但会使输气管径变小，采用此法前必须经过水力计算。

　　内衬法是利用可塑性内衬管道物料，加上树脂涂层的强化功能，在原来的煤气管内重新衬附一条内衬管。施工时，需要改造的管道内壁以高压喷水枪清洗干净，用绞车将内衬软管拖入管道，再用压缩空气将软管吹胀，软管的胶水将软管粘在原有管壁上，胶水硬化后形成"管中管"。该方法可用于较新的无支管的主要干管上(过于陈旧的管道内壁较难洗净)，可避免全线开挖，适宜直径较大的管道修复，也可通过较急的弯头。但对于支管较多的低压庭院管线，利用价值不高，一般不采用此方法。

　　锻模套管法是一种由英国煤气公司发明及拥有专利的修复管道的方法。此方法是利用聚乙烯的弹性和记忆等特性来做成的一种紧贴内衬管。施工时，选取内径稍大于旧管的聚乙烯管，将其拉过锻模(施工机具)使之直径缩小，然后使其拉入旧管内。当整段聚乙烯管已拉入旧管中，将聚乙烯管前端的拉力释放，聚乙烯管就会渐渐膨胀复原至原来大小，形成一条紧贴旧管内壁的衬管。在进行套管之前，旧管的内壁不需要彻底清洗干净，同时具有可维持原来旧管流量和免开挖的优点。

　　对中压承插接口的灰口铸铁管改造建议采用更换钢管或 PE 管的方法，也可以采用 PE 穿管法(穿管的管径应根据水力计算核算确定)、内衬法、破管法或锻模套管法。

　　(1) 对于 DN300 及其以上的铸铁管和水泥管可采用更换为钢管的方法；

　　(2) 对于 DN300 以下且允许开挖路面的铸铁管和水泥管可采用更换 PE 管或钢管；

　　(3) 对于 DN300 以下且不允许开挖路面的铸铁管和水泥管可采用 PE 管穿管法、内衬法、破管法或锻模套管法。

　　低压管道由于接口较多，采用穿管法、内衬法、破管法和锻模套管法改造不太适宜，建议采用以下方法：

　　(1) 加湿方法：在管网中—中调压站或中—低调压站设立加湿点，往天然气中加入一定量的加湿剂，保证天然气有一定的湿度，从而保证原管网的密封性能。

（2）更新管道：低压管道可以根据现场条件考虑更新为钢管或 PE 管。

PE 管和焊接钢管适用于天然气输送，只考虑其能承受的压力即可，对于在管网调查期间查出的问题管道，可以采取局部修复法改造。对于螺纹连接的钢管，若采用聚四氟胶带密封可以直接输送天然气，对于油麻接口的要采取加湿和涂抹密封胶的办法解决。

燃气管道改造方式的选择，需在综合比较的基础上确定改造的优先方案。

燃气管道的改造工程受诸多因素的影响与制约，因此除按以往燃气管道施工管理程序进行外，还应加强宣传，确保改造工程按时完成。同样，应事先做好预算，确保改造资金及时到位。

综合分析现有输配管网（管材腐蚀状况及管径等），采用更新改造或加强维修保养的方法，消除安全隐患，最大限度利用原有管网，控制置换投资。

2. 附属设施的改造

（1）调压器的改造

原有的燃气输配系统采用的是各式各样的调压器，输送人工煤气的管道内壁附着的灰尘、煤焦油等杂质。随着天然气在管内运行，干燥脱落后由气体带入调压器，造成调压器关闭不严而使系统压力升高，为防止此类事故的发生，必须对每个调压器进行调查、改造。改造的主要内容包括：

1）调压器进口端加装过滤器（最低精度 $20\mu m$）和压差表。

2）进口端加装超高压安全切断阀。

3）出口端加装安全放散阀，原水封放散阀取消。

4）站内承插式接口加装夹具。

5）主调压器法兰垫片应改用丁腈（或氟）橡胶垫片。

6）主调压器皮膜应改用丁腈（或氟）橡胶皮膜。

7）根据进口压力的变化，确定是否更换主调弹簧。

8）油密封旋塞阀（旁通阀）应更换适用于天然气的密封油脂，并检查其密封性，如密封性不好，应改为其他燃气专用阀门。

9）白漆密封的丝口改用生料带密封或外涂密封胶。

10）指挥系统的旋塞阀、闸阀改用燃气专用球阀。

11）压力表、压力自动记录仪量程不足的应更新。

12）未成环的供气管网，采用单回路供气的调压器，如无旁路调压，应增设副调压器，当主调压器关闭时能自动开启副调压器，确保稳定供气。副调压器按天然气选型，但一定要计算，以确定旁路调压器是否能保证足够供气量。

13）在置换天然气后，进口端的脱萘桶已失去原来的功能，视情况自行决定是否取消。

14）对部分调压器可以考虑整体更新的方式。

15）自力式（弹簧式）调压器的改造主要是更换主调弹簧和量程不足的压力表，以及对其进行保养，更换易损件，如皮膜等。

若城区内不同调压器后的低压管网相互连通，通过水力计算在确保用气的条件下，可以考虑将部分调压器退出运行，力求每台调压器通过能力最大化。此外，还应详细列出退出运行的调压器清单，并指明由具体哪个调压站来负责该部分用户的供气。

调压器的改造可与原生产厂家或同类型的生产厂家联系，由他们提供适用于天然气调压的运行参数（流量及通径）及各类零配件，现场参与有关的改造项目。

参与改造的单位必须提供详细的人员名单及资格证书，签订相关协议，确保能如期完成任务，满足天然气的置换要求，并能在置换期间有专人配合置换中的工作。还应制定详细的改造进度计划，并按计划如期完成。

根据资金的投入量及调压级制的不同，调压器的改造方式也不尽相同，但改造费用应详细逐项列出（包括零配件的单价及数量），并考虑适当的富余。

（2）阀门的改造

由于旧管网所采用的阀门不同，管道的改造方式不同，因此阀门的改造方式也不尽相同。阀门的改造应在充分调查的基础上采用合理方案。

1）使用阀门的旧管网应提前进行改造更换成燃气专用阀门。

2）旋塞式阀门应考虑更新。

3）旧式单闸板阀门在使用人工煤气一段时间后，煤气中的杂质粘附于阀底，造成阀门关闭不严，容易发生事故，可考虑更新。

4）部分阀门改造随着管道的改造而更新，如铸铁管改造为钢管或内衬 PE，则使用的阀门也应更新。

5）因置换分区需要而加装的分断阀门，应与相应的连通管道同步进行。增加的切断阀一般设于气流的上游。

6）阀门的改造应以管网的日常运行记录和置换前的检查为依据。改造后的阀门在投入运作之前，应考虑在阀门前后增设放散管。

7）阀门的改造可以与原生产厂家或供应商联系，商讨最佳的改造方案。

8）制定详细的改造进度计划，并按计划如期完成。

9）阀门的改造费用应事先做好预算，考虑适量的富余。

（3）凝水缸的改造

原来使用人工煤气的管道上设有许多的凝水缸，主要用于排除管道中的积水，由于天然气属干气，保留凝水缸，无疑会增加天然气泄漏的机会和增大维修工作，因此可考虑取消凝水缸。但在天然气供应的初期有许多因素需要考虑，如管道加湿、地下水位等，可根据各项因素以及平时管网维修的情况，综合考虑是否需要保留凝水缸。但有一点必须强调：保留凝水缸的天然气管道必须加强巡查与记录，同时作好各项应急准备工作。

凝水缸改造可采取整体拆除或封堵的方式。

三、加湿工程

我国大部分城市都有过用铸铁管输送人工燃气的历史，有些不是柔性（如丁腈橡胶密封）的密封管线接口若不加处理，在天然气置换人工燃气以后，势必会出现接口泄漏的问题。解决这一问题最直接最有效的办法是将其全部更换为适于输送天然气的钢管或 PE 管。但城市燃气管网规模庞大，投资巨大，施工实施的过程也需要较长时间，要在短时间内全部更换以达到输送天然气的条件是不现实的。对天然气进行加湿处理，能有效抑制铸铁管接口密封材料的收缩，减少接口的燃气泄漏，这是天然气转换过程中推迟铸铁管更新时间的一种有效的过渡办法，同时也是现有旧管网天然气泄漏的修复方法之一。国外也利用该技术维持铸铁管道输送天然气，至今已经运行几十年了。

1. 铸铁管接口泄漏的原因

铸铁管的连接方式分为承插式接口和机械式接口两种。其中，承插式接口的密封方式有油麻丝填料水泥和铅密封两种，机械接口的密封材料是橡胶密封圈。由于人工燃气具有一定的含湿量和微量的芳香烃成分，对于承插式接口，麻丝遇湿会发生膨胀；对于机械接口，橡胶圈吸收芳香烃适度膨胀。因此，铸铁管的这些连接方式能保证在输送人工燃气的过程中得到密封。

铸铁管改输天然气后，天然气中不含水蒸气和芳香烃成分，密封填料油麻丝和橡胶就会因失去这类物质，引起干燥收缩而出现泄漏现象。

2. 加湿的机理

从微观上讲，用于填充铸铁管接口的麻丝是长链纤维素分子被其他有机分子束缚在一起而形成的一种纤维结构。这种纤维结构中含有大量的羟基团，使之具有吸附水或多元醇的能力，而被吸附的水或多元醇有利用氢键在相邻纤维素之间建立连接的能力。具体表现为，麻丝填料吸附水或多元醇后使得纤维素分子相互排斥，形成麻丝填料呈现放散状膨胀状态。当然，该过程是可逆的，即如果麻丝填料处于干燥的环境中，就会解析水蒸气或多元醇，填料出现干枯、收缩从而引起泄漏并不断增加。

影响橡胶密封件密封性能的是能溶解橡胶的芳香烃溶剂的含量。当橡胶接触到芳香烃蒸气时，溶剂能扩散到橡胶的内部，使其不断溶胀。如果溶剂浓度高，可不断地进入橡胶内部，橡胶体积持续膨胀。实际上，这时橡胶内部的聚合物分子在逐渐被稀释，而溶剂分子不断在增加。当溶剂分子数量超过橡胶的分子数量，溶剂成为连续相，橡胶即被溶解。由此可见，橡胶圈长期处于无芳香烃蒸气的环境，橡胶就会收缩干燥失去弹性，无法起到密封的作用；若溶剂量过多，就会使橡胶膨胀过度，从垫圈的位置上脱落，引起更严重的密封不良。所以在适量的芳香烃溶剂环境中，橡胶圈才能保持一定的膨胀度。

3. 加湿剂的选择

天然气加湿以后，还可以保证管道内的湿润环境，避免积存在管道中的焦油、灰尘及铁锈等沉积物因干燥而随着燃气气流在管内飞扬，堆积在阀门、调压器、储配站设备及管道弯头处，造成设备的损坏和管道的阻塞，影响管网的正常运行。加湿剂的载体是燃气，以蒸汽的形式在燃气中输送。进行天然气加湿要合理控制加湿量，才能保证接口的严密性。因此，在天然气转换成功后，要定期监测加湿量，保证加湿效果。

选择加湿剂时一般要求：

（1）价格便宜，来源广；

（2）单位体积的加湿剂燃气处理量大；

（3）对填料较敏感，即能在较低的饱和度时使填料达到膨胀要求；

（4）没有腐蚀性，不会对燃气输配管道和设备产生危害；

（5）无毒，并且不会造成环境污染；

（6）化学性质稳定，不会与天然气成分、加臭剂等发生反应；

（7）不会对燃气燃烧性能产生影响。

基于麻丝加湿机理，可用的加湿剂有水、乙二醇和二甘醇等。用水（蒸汽）加湿是国内应用较多的加湿方法。此方法工艺流程简单，原理清晰，加湿剂便宜。但也存在以下问题：

（1）蒸汽发生设备价格昂贵，且体积庞大、操作复杂；

（2）能耗及运行费用较高；

（3）气温较低时，易产生大量凝结水，影响调压器、过滤器等设备的工作；

（4）作用半径相对较小；

（5）影响天然气的热值。

乙二醇是聚酯纤维（涤纶）的原料，也常用作防冻剂。当用作承插式麻丝接口的加湿剂时，相对于水有以下优势：

（1）更易被麻丝吸收；

（2）饱和蒸气压约为水的1/100，所以处理同流量的天然气，所需乙二醇比水少得多；

（3）不会出现冬季结冰问题；

（4）其蒸气热值与天然气接近，燃烧产物与天然气完全相同，加湿后不影响天然气性质；

（5）加湿设备小巧且运行费用也低。

适用于橡胶圈的加湿剂常用的有三甲基苯和馏出油。由于橡胶对芳香烃非常敏感，因此用三甲基苯加湿时，加湿量的控制要求很高很严格。馏出油是石油初期处理的柴油系馏分，芳香烃的含量在10％～20％之间，所以用其加湿可以减低橡胶的敏感性，从而减少橡胶的过度膨胀现象。

加湿设施需要考虑合适的安装地点，为节省投资和便于管理，建议加湿点选择在中—中压调压站或中—低压调压站的出口处。此外，还需要定期检测管网泄漏的情况，并在管道末端测定天然气的湿度是否满足工艺要求。

加湿工程是一项权宜之计，并非长期的选择。在全部置换完成后，应该安排资金对加湿的管道进行改造。

四、新建管网及设施

燃气管的改造除了需考虑旧管网不适用于天然气输送的特性外，还需考虑置换时，置换小区之间增设的连通管。置换小区之间增设连通管，包括有中压和低压管。中压连通管一般连通中—低压调压站与新的天然气干管，低压连通管则保证小区在置换前后有充足的燃气供应。

在置换前应对某些分区管网增设分断阀并进行气密性试验，确保分断阀不会内漏，以避免串气。

在天然气量与水力工况核算满足用气要求的前提下，充分考虑各类资源及管理因素，提前进行在原管网上增设分断阀、临时调压设施或置换放散管等工程设施。这样有利于分区置换，能够保证置换当日的工作顺利完成。

五、临时气源

临时气源是在分区置换时所采用的供气方法之一，其目的是满足置换期间小区居民或工业、商业客户的临时用气。如在某个小区置换时，可能影响到来不及置换或非置换区客户的用气时，考虑用临时气源供气。

在选择临时气源时，应注意以下事项：

（1）客户的燃具与临时气源的适配性，临时气源应适用于客户现有的燃具，尽可能避免二次置换。如管道液化石油气（LPG）用户可选用瓶装 LPG 临时用，人工煤气可以考虑以临时调压器连通，但如果考虑选用与现用气源不同的气源，必须同时提供燃具。

（2）临时气源的来源要简单，最好不需要复杂的程序和大量资金就可获得，如 LPG 来源简单，而液化天然气（LNG）或压缩天然气（CNG）来源复杂。

（3）临时气源应尽可能少的投入资金，且存放地点应符合有关的标准与要求。

（4）临时气源应考虑以尽可能少的人力来维持运行。

（5）临时气源应考虑其存在的时间性，即以尽可能短的时间存在。

临时气源并非首选，应在综合考虑成本、气源的适配性等因素后加以选择是否使用。要尽可能不用临时气源，用增设连通管或分断阀门的形式来满足置换要求。

六、新旧气源的管网布置

天然气置换前，因引进气源而建造的新管线和原有燃气管网需要有机地连接起来。根据原有燃气管网的情况，一般有环形管网连接法和直线形管网连接法。

（1）环形管网连接法

如置换划分的现有输配管网成环，天然气管网接入点可根据门站就近接入，通过阀门分区置换，图 4-8 所示为环形管网连接法示意图。

（2）直线形管网连接法

如置换划分的现有输配管网成直线形，在供气网络未成环的情况下，天然气管网接入点应与现有调压站/门站/气源点相对而设。这样可通过阀门分区控制，逐步向调压站/门站/原有气源点方向进行天然气置换，图 4-9 所示为直线形管网连接法示意图。

（3）复合式管网连接方式

如输配管网较大，大环形管网中夹有直线形小管网或大直线形管网中夹有环形小管网，那么可按 A、B 两种连接方式相互交叉进行置换。

（4）临时管道搭接方式

临时管道搭接方式是最经济实用的管网连接方式，即一个较大区域

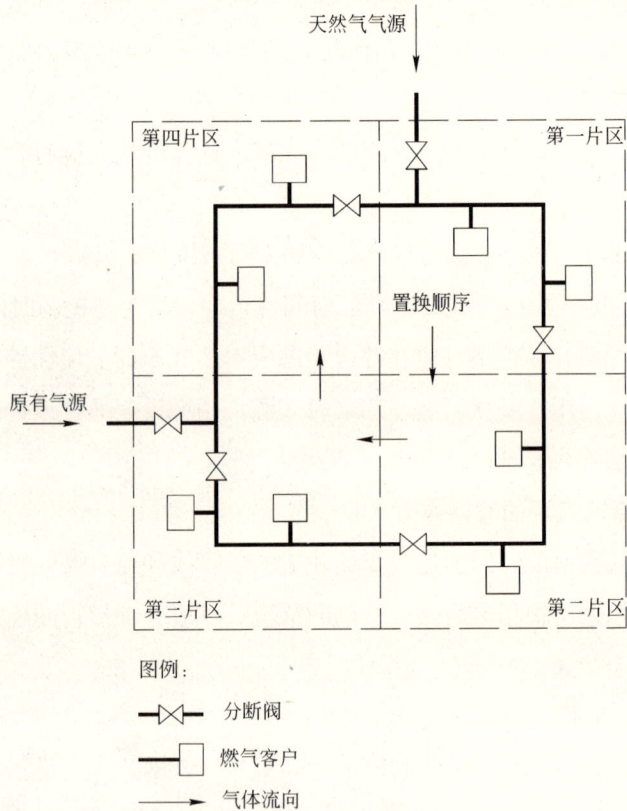

图 4-8　环形管网连接法

要分成若干个小区进行置换。在条件限制或经济不合理时，无法敷设永久的管道达到环形管网或直线形管网，可以通过安装临时管道的搭接方式，形成环形管网或直线形管网进行置换。置换完毕后把置换用的临时管道拆除，恢复输配管网原状。

七、确定置换区域

天然气置换是一项周期较长、安全性要求高的工作，在置换区域的划分上应综合考虑各地的管网分布与结构、地理环境、居民生活水平与习惯、城市的资源、设施、宣传、改造资金投入以及天然气的供应等因素。区域划分的合理与否将直接影响到天然气供应的安全性和资金投入

天然气气源

第一片区

第二片区

第三片区

第四片区

置换顺序

原有气源

图例:

分断阀

燃气客户

气体流向

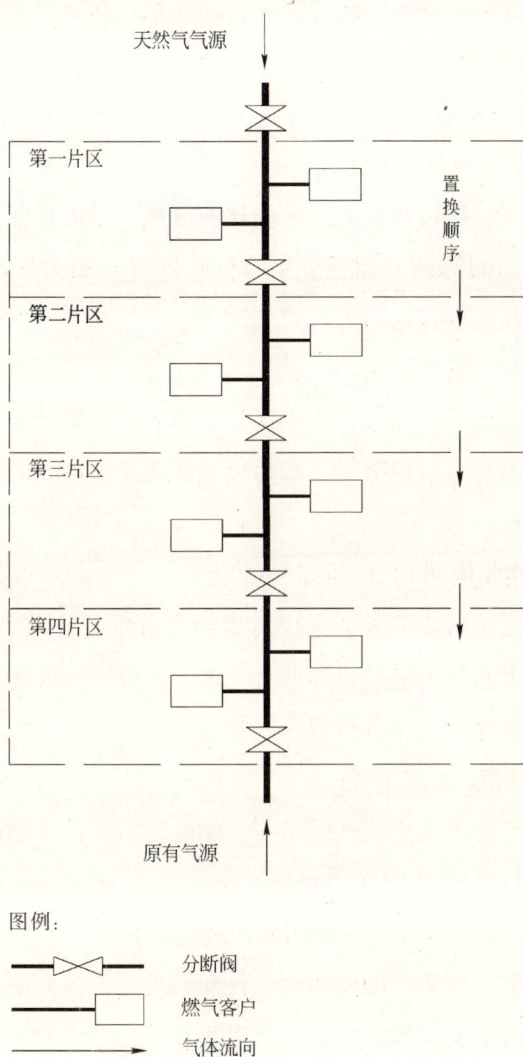

图 4-9 直线形管网连接法

的合理性,合理的区域划分可以充分发挥天然气到来后,使用天然气所达到的经济效益和社会效益。

区域划分的最终目的,是在充分满足安全、水力计算、资源配置以及影响客户用气时间尽可能短的前提下,完成预定的管网置换和用户改造工作。小区的划分应考虑新的发展区域。居民区一般可以 300～3000 户左右为一个置换小区域。

1. 大区划分原则

(1) 以行政区域来划分

在大城市，先按行政区划分大的置换区域，以满足置换时与行政区内政府相关部门的协调、沟通。如与行政区政府相关部门成立协调小组，便于与行政区内置换时的外界支援。

(2) 以住宅区来划分

在中、小城市，考虑按住宅小区的分布来划分置换区域，可以充分利用资源，从而避免资源分散、增加投入、延长置换时间、影响客户用气等情况的出现。

(3) 按置换年限来划分

划分置换区域时，应充分考虑各地的资源配置、政府的发展计划、资金投入量、天然气的供应量等综合因素，先确定置换年限，然后再划分置换区域，按先后次序进行置换。

(4) 根据天然气的走向划分

置换时，考虑未来天然气的走向，如从门站位置开始由近到远、压力由高到低进行区域划分。

(5) 以先新后旧，先易后难的形式进行划分

一般情况下，新用户的户内设施较新、改造较为方便，先置换容易改造的小区，对置换工作人员是一个锻炼和实际操作的机会，积累的经验对今后大面积置换十分有利。城市内的老区，由于其地下管网较为复杂，且户内设施残旧，置换改造工作多考虑在置换后期进行。

(6) 选择天然气发展潜力最大的地区

充分了解置换城市的发展规划，优先考虑天然气发展潜力最大的地区，如工业开发区、经济技术开发区等用气大户，首先占领大用户市场，避免二次置换。

2. 小区划分原则

(1) 以停气时间为目标来划分

置换时，客户需要停用原来的燃气，在改造后才能用上天然气。停气的时间要尽可能地短，例如以 1d 时间为限，尽可能地减少对客户的影响。

(2) 以人力资源的配置来划分

充分考虑可能投入改造的人数、设施与器材以及由此而带来的各项管理工作的难度，以尽可能少地影响客户用气为原则，划分置换区域。如在技术人员业务水平较高的前提下，户内改造灶具约 25min 左右，热水器的改造约 35min 左右，加上联络和来往时间 10min，每户共计 1.2h 左右，按此来划分区域并配备人员。

(3) 以调压站的供气户数来划分

根据调压站供气户的数量，划分区域时所需投入改造的成本较少，以及人力资源的配备相对较易。它充分利用了已有阀门及管网设施，最大可能地减少了需增设的分区阀门、连通管及放散管等。综合考虑调压站供气能力及居民、工业、商业客户情况，尤其大型工业、商业客户尽可能不要集中置换。

(4) 以水力工况计算来划分

对欲划分的小区管网进行水力工况计算，确保置换期间稳定供气。低压管网的连通或分割应以水力计算工况为依据。中压管道在分阶段置换时，根据需要设置中压连通管，以确保原有气源和天然气的供应畅通。

以上的分区原则应根据各地的管网分布及天然气的来源、人力资源因素等综合考虑确定，并不是按每项单独划分。每个城市管网置换的区域划分，应根据输配系统的特点确定，尽可能利用现有阀门或加装分段阀门进行分区置换。

八、编制置换管网方案

根据管网调查所收集的管网资料（即燃气管道、调压设施、阀门、凝水缸、防腐保护等)、管道现状、运行维修记录、运行参数，置换方法(直接法和间接法)，确定压力级制和临时气源，选定燃气管道和附属设施的改造方式，布置原有气源与管网衔接，划定置换的大小区域，编制置换管网方案。

编制管网置换的具体方案时，每个区域(或小区)要单独编写，详细地说明每个工序及其步骤、人员及其职责、具体的实施地点与时间、所需设施及其数量、置换的进度、所需的文字、图、表等。

编制管网置换方案除了置换燃气的直接工作外，还要包括对内、外部的联系、衔接、宣传、安全、消防、应急、抢险等。各地的具体方案虽各有差异，但主要内容包括：

(1) 长输管线及场站天然气置换方案；

(2) 高压管线及高中压调压站天然气置换方案；

(3) 中压管网及中低压调压站(器)天然气置换方案；

(4) 低压管网及低压调压站(器)天然气置换方案；

(5) 天然气置换点火操作规程；

(6) 天然气置换应急抢险方案；

(7) 各片(区)置换实施方案；

(8) 各片(区)设施和引出管详表。

第四节　置　换　准　备

置换工程能否安全、顺利、按期进行，最重要的要做好置换准备工作。置换准备工作包括两大部分：

(1) 选定改造方式，编制各个具体置换方案；

(2) 落实置换工程实施前的全部准备工作。

一、人员和置换设施

1. 人员培训

置换工作需要大量的人力，为确保置换工程安全、高效、顺利地进

行，必须在工程实施前对参加置换的人员进行培训。各城市可根据实际
情况，由公司派经验丰富的技师、工程师任教，也可聘请高校、行业协
会等机构有实践经验的教师，采用集中培训与分组培训相结合，理论与
实际操作相结合的方式，实施培训。

置换人员的培训内容包括：

（1）天然气基本常识；

（2）置换工作要求；

（3）置换方案；

（4）置换工作程序；

（5）器材的使用；

（6）点火放散实操演练；

（7）紧急事故处理。

培训时间视人员的素质和工作特点而定，培训后要进行相应的理论
与实际操作的考核，考核不合格者不能参与置换工作。

2. 置换人员

由于运营中的燃气公司在平时只有一套运营队伍，而在置换时需要
大量的置换专职人员，即要运营、置换两套队伍同时运作，故需把有经
验又熟悉管网的员工有的放矢地分配到两边。对于人员缺口较大的公
司，可以采取聘任临时人员的办法，但这一部分人员更要加强培训，并
取得当地燃气主管部门的认可。

置换实操队伍可分为物资供应组、放散和检测组、配气调压组、置
换队、阀门组、巡查组、后勤组、协调组、应急抢修（险）队等。视实况
设置各组、每组的若干小组以及小组人数。

3. 置换设施

置换设施可分为交通工具、通信设备、安全设施、检测仪器、放散
设施、专用设备、其他物品等几类，可参考表 4-1 准备。

置换设施表   表 4-1

序 号	类 型	名　　称
1	交通工具	抢修车、指挥车、工程车、摩托车、自行车等
2	通信设备	专用固定电话、对讲机、手机等
3	安全设施	灭火器、警告标志牌、空气呼吸器、安全帽、道路用的护栏、围带、交通告示筒、反光衣、闪光灯、防火衣、急救箱、防爆照明灯和手电筒等
4	检测仪器	可燃气体检测仪、压力计、气体浓度检测仪等
5	放散设施	放散管(含阻焰器)、放散管支撑架、软胶管(5～10m)、点火枪或点火棒等
6	专用设备	移动发电机、电焊机、氧焊用具、套丝机、水泵、砂轮机、鼓风机、扳手、管钳、老虎钳、尖嘴钳、螺丝刀等
7	其他物品	雨具、镀锌管配件、开启阀门专用工具、沙井盖匙、试漏液、生料带、堵气皮袋、去锈剂、黄油、大力胶布、密封胶、阀门开关指示牌等

在以上的置换设施当中，大多数是燃气企业经常能用到的，也有些仪器和设备是从前使用不多的，下面简单介绍一下阻焰器和气体分析试管，并对常用仪器和工具的用途做简要说明。

(1) 阻焰器

阻焰器是一种安全设备，一般安装在放散管的出口，其作用是防爆防燃，阻止外来的高温或火源引起的回火，进入可燃气体的区域。

每一个阻焰器都有冷却区，冷却区由许多细长的金属小管或多层金属网所组成。当外部有高温或火源进入阻焰器的冷却区，并且穿越这些小管或网间的空隙时，金属小管或金属网就发挥吸温作用，将火源熄灭并降温，使燃气排放管内不会产生高温，发挥防爆防燃的作用。

阻焰器大致可分为可燃式和防范式，图 4-10 为各种类型和形状的阻焰器。

图 4-11 所示为可燃式阻焰器示意图。可燃式是可作长时间点燃用，常在清扫废管内的残余可燃气体、置换或超过 2.5m³ 的新管吹扫等的

图 4-10　各种类型和形状的阻焰器

工序中使用，减少可燃气体外泄量，因而提高安全性，同时降低对公众的影响。

图 4-12 为防范式阻焰器示意图。防范式只适宜直接排放气体并不宜作点燃用，常在带气连接，短管吹扫等工序中使用，其主要作用是防止意外火源所产生的危机。

图 4-11　可燃式阻焰器

图 4-12　防范式阻焰器

（2）气体分析试管

气体分析试管（KITAGAWA）是香港中华煤气普遍使用的一种，由日本制造的气体检测仪器。图 4-13 为气体分析试管示意图。

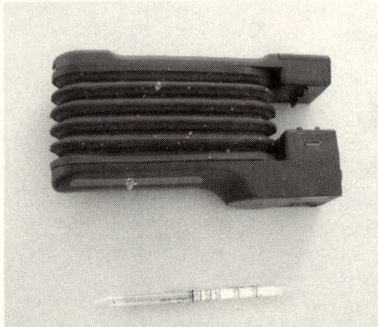

图 4-13　气体分析试管系统

气体分析管的原理是，气体分析试管系统（KITAGAWA）在一个干爽的环境里，当吸取气体样本进入试管时，气体与试管内的化学微粒产生化学反应，从而改变微粒的颜色，根据改变颜色的长度，再参照玻璃管上的百分比刻度，可以读出气体的浓度。

使用方法：

1）选取合适的试管及察看使用限期；

2）将玻璃试管的头尾两端，插入试管吸筒的小孔内，拗破；

3）顺着试管指示的气流方向，将试管插入吸筒的橡胶入口孔；

4）将试管放到需要抽取气体样本的位置；

5）将吸筒的扳手拉后到所需位置，使吸筒内产生负压；

6）气体均衡地穿过试管，从而测出这种气体的浓度；

7）完成后，将玻璃试管抽出放妥，以免割伤操作者。

优点：

1）轻便，容易携带；

2）操作极简易；

3）快捷，整个过程只需二三分钟；

4）无需其他能源，如电池，热能，故能在燃气充斥的环境下操作；

5）只需更换不同的试管便可做多种气体的测试。

缺点：

1）每支试管只可使用一次；

2）每种试管都有使用期限，超出使用期限测出的数值可能不准。

（3）常用仪器及工具的用途说明

1）可燃气体检测器：测试气体燃爆（LEL）范围的读数；测试由 0～

100％的气体成分。图 4-14 为可燃气体检测器示意图。

2）百万分之一可燃气体检测器：测试轻微气体泄漏；适合大范围的泄漏探测。图 4-15 为百万分之一可燃气体检测器示意图。

图 4-14　可燃气体检测器

图 4-15　百万分之一可燃气体检测器

3）阻焰器：安装于放散棒的出口，防止回火。

4）放散棒（图 4-16a，4-16b）：放散燃气。

5）气体分析试管：测试气体样本中的某种成分。

6）灭火器：扑灭意外火焰。

（a）

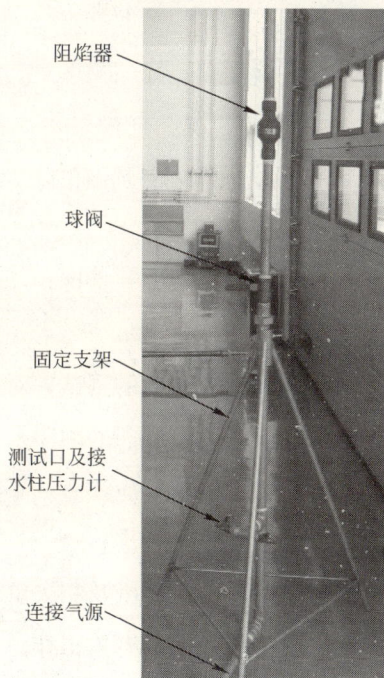

阻焰器
球阀
固定支架
测试口及接水柱压力计
连接气源

（b）

图 4-16　放散棒

7）防火衣：穿着于有高浓度燃气的地方，防止或减低烧伤。

8) 防爆照明工具：夜间照明。

9) 警告牌和警告带或交通告示筒(图 4-17)：让人警觉，熄灭火源，并划出工作范围，防止外人进入工作区。

10) 急救箱(图 4-18)：应付轻微损伤。

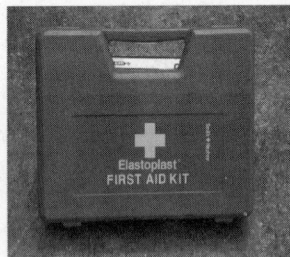

图 4-17　警告牌　　　　　　　　图 4-18　急救箱

二、置换文件

1. 管网置换操作规程

制订置换操作中各环节的操作规程，确保行动统一、操作规范。其主要内容有：

(1) 明确要求、统一指挥；

(2) 安全纪律；

(3) 开始前作必要的测试，对阀门、凝水缸和调压器进行编号；

(4) 明确开(关)阀门的顺序及有关要求；

(5) 放散、置换时应注意的事项；

(6) 置换合格的标准；

(7) 置换管网的图纸及相关资料；

(8) 操作结束后的有关工作。

2. 安全事项

(1) 确定置换中涉及的操作环节。主要有：开关主支管阀门、开关调压器、开关立管阀门、放散、置换、通气。

(2) 由于置换持续时间长，为防止分断阀被意外地关(开)，应对分断阀上锁。

（3）提前对所有放散点进行探查，了解其周围情况，确保放散的安全。

（4）进入密封场所，必须先检测气体，入内时要做好相应的安全保护和监护。

（5）安全应急措施、设施、联络程序。

3. 应急方案

在确定操作环节的基础上，分析每个环节可能出现的情况，制订应急方案。应急方案的原则是宜简洁、行之有效地处理问题，方案中应该明确：

（1）出现紧急情况后的报告制度；

（2）现场的简单操作；

（3）应急小组的支援、不同紧急情况的处理方法；

（4）应急工作准备，包括应急人员、应急设施、现场应急中心、应急联络等方面的准备。

所有的应急行动应根据实际情况而定，根据抢险规程和相应的维修规程进行。但应注意如下几点：

1）立即切断气源，如户内泄漏，应切断立管供气；

2）抢救受伤人员；

3）设置路障分隔危险区；

4）对泄漏现场进行检测，如浓度不断升高，应考虑周围人员的疏散；

5）消除或移离现场所有火种，驱散或稀释积聚的燃气；

6）采用防爆工具；

7）通知119、110及现场总指挥等。

三、必要的测试

1. 地下管网及阀门的切断性试验

管网及阀门的切断性试验是为了验证置换区管网与非置换区管

网是否可靠隔离或错误地隔开，以及检验用于隔离的切断阀是否能可靠切断。同时城区旧管网因天然气置换的需要，而增加的部分连通管和分断阀，也必须经过试验以判断其是否可以正确连接或可靠切断。

试验时间应选择在用气最低峰期，尽可能地不影响客户的用气，可事先采取有效办法通知客户。应选择合适的试验压力，并且记录试压全过程。

在划分置换小区时，由于地管资料的不完善，可能有下列现象存在，因此在进行切断性试验时，一定要注意以下重要环节：

(1) 在划定了置换小区后，仍可能有小口径的(如：DN25、DN40)管通向邻近(非置换区)用户或由邻近小区(非置换区)供入；

(2) 在相邻小区(非置换区)可能有小口径管进入置换区的某一楼宇或某一楼宇中的某一立管(多数是靠近置换区的边界地段)；

(3) 在置换小区的周边新建了部分楼宇，它可能是从置换区以小口径管供气。

在进行切断性试验时，在置换区域周边或怀疑的地点，应尽可能选择多一些测压点，确保管网不发生误切断或未切断的情况。

此项工作在置换前一个月应进行一次，对发现的问题及时核实整改；置换当日为确保安全，还应再进行一次。

管网的切断性试验可采用如下程序：

(1) 缓慢关闭所有与置换区相连通的阀门；

(2) 用燃烧的方法适当降低置换区内管网的压力，降压幅度应视供气压力的安全范围而定，以不影响稳定、安全供气为原则；

(3) 选择多个测压点，进行压力测量，检测置换区域内的管网压力是否稳定；

(4) 参照表4-2，选择合适的方式进行测量，保持压力10min，如能压差稳定，可以认为置换区管网已可靠切断；

小区管网切断试验测试方法　　　　　　表 4-2

调压式	若该小区的低压管网图纸上并没有与其他小区连接，只由该区的调压器供应，可将调压器的出口压力调低，如正常之出口压力为 1.5kPa，可调低至 1kPa，监察区内外之 0.5kPa 压差 10min，如能保持这个压差，就证明低压网络没有连接到其他分区
阀门控制式	若该小区的低压管网在图纸上，是与其他小区连接的，可考虑将所有分区切断阀慢慢关上，直至区内外产生压差。如在试验期间有小量用气需求，可用阀门调节，若显示区内外压差稳定，就证明此区没有连接到其他小区
注意事项	1. 各个工作位置在试压以前，必须以通信设备联络妥当后，方可进行各项试压程序。 2. 必须准备放散工序，阀门关闭或调压器出口压力调低后，区内的压力因没有或只有小量用气需求而难以快速下降，需用放散管将区内压力减低，以减少工作时间。 3. 如分区前后有放散管，可安装小型调压器以供小量的气体的需求

（5）任意选择合适的地上引入管作为测压点；

（6）在测压前，应对区域周边的环境加以了解，请公司内熟知管网施工或运行的工程技术人员加入；

（7）置换区内或周边的重要工商业客户应设测压点，进行压力测试。

2. 地上管网及阀门的切断性试验

地上管网及阀门的切断性试验较为简单，但同样涉及用户安全和供气的压差问题。大部分的地上管网及阀门连接均是丝接，密封材料往往是橡胶垫和麻丝，随着天长日久的风吹日晒，将发生材质变化，通入天然气后易发生微漏，故在通入天然气之前应处理好。

地上管网及阀门的切断性试验时间也应选择在用气最低峰期，尽可能地不影响用户的用气（可事先采取有效办法通知用户）。应选择合适的试验压力（如 1kPa），关闭引入管阀门后降压，时间 10～20min，无用户用气时应无压降，并且记录试压全过程。

3. 调压器及管道试验

（1）调压器试验

由于更换新气种，管网的压力级制有所变化，许多管道、阀门和调压器随之改造，必然要更换或增加调压器。调压器是配气的关键设备，直接关联到两级压力间的供气和安全，故更换或增加的调压器在天然气置换前必须安装调试完好，通常在原有气种运行时已作安装调试。

（2）新管试验

新管是指为新气源供气和置换所需安装的高中压主管、连通管、旁通管。新安装管道除按安装要求进行吹扫试压外，在与原有气管连通时要作气密性检查。一般在供气运行之前，先把新安装管道内的空气排净，采用氮气间接法、天然气直接法或是综合间断法视实际情况而定。

对管网全线检漏，发现存在问题立即进行整改，以确保置换工程顺利安全地进行。

对每根立管及全部立管阀进行普查，要求在现场编上号码及编制立管及立管阀的档案记录。所有立管及立管阀需尽快除锈及防腐。管网地下阀门需安装阀门编号牌及挂上开关状态的标记牌。

4. 管网的升压实验

对于不需要改造且原来的实际运行压力低于今后天然气运行压力的管网，要按计划进行升压试验，以验证管网在天然气置换后的工作压力下可否安全运行。一般采取提高管网工作压力的方法进行试验，同时检测管网的泄漏情况，分析造成泄漏的原因并及时除漏。在升压试验中暴露出的问题，要在管网改造中一并进行综合考虑，选择修复或改造的方法，以保证这些管网确实可以满足天然气的运行要求。如何实现升压根据具体情况选择适宜的方法。

四、置换通知

按照国家相关法规和当地政府的要求，通知燃气主管部门、公安、交通、消防、环保等政府部门，获得工作的许可和相关部门的支持；同时利用电视、广播、报纸等传媒或上门派发通知单的形式，向客户公布置换的日期，以获取客户和公众对置换工作的配合。

第五节　置　换　作　业

置换动员后，置换人员应穿着整齐的工作制服、佩戴工作证/牌到各自的置换岗位作业。沿着天然气的供气方向：天然气门站—输出高压管道—高中压调压站—中压管网—中低压调压站（调压柜、调压箱）—低压管网—楼栋引入管地上阀门，进行实际置换。一般情况下，天然气输送网络可参照图 4-19。

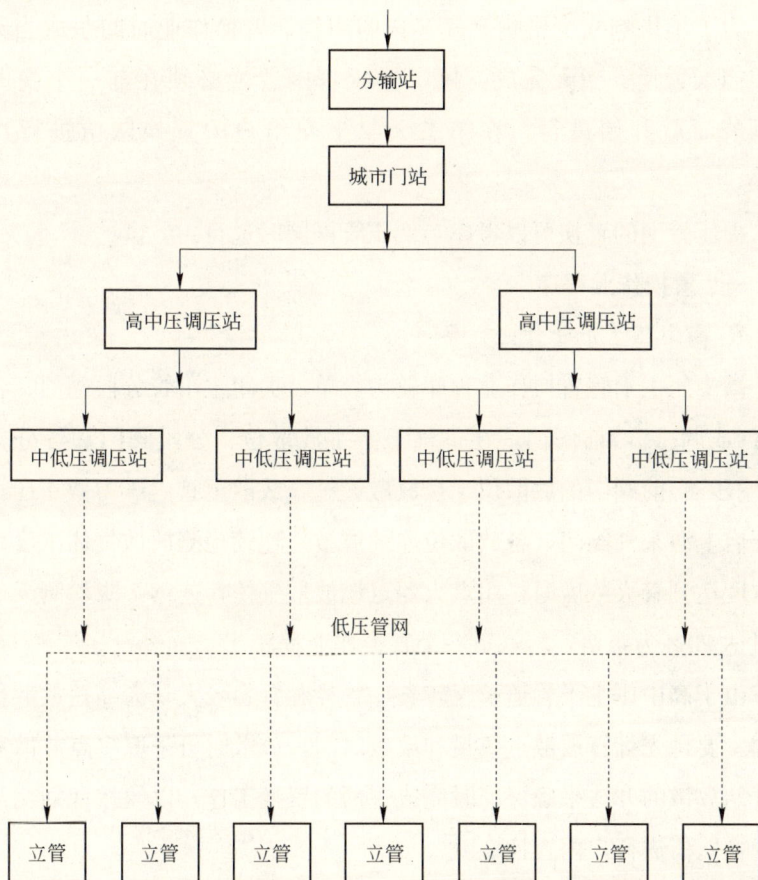

图 4-19　天然气输送网络简图

置换作业组织主要分为四大部分,各部分的人数和职责视置换工程量而定:

(1) 管网置换指挥中心;

(2) 阀门和调压控制队;

(3) 放散和检测队;

(4) 管线巡查和应急抢修队。

进入到置换的实际操作前,必须多次对照置换准备工作完成表格,逐条检查落实情况,应达到要求和标准。

为了不影响或少影响燃气客户的用气,置换作业时间争取当天停气、当天置换、当天完成。故中低压管网置换必须在前一个晚上用气低峰时就开始进行,在第二天早上交给户内置换队伍进行户内置换。

中压管网的置换可以考虑与低压管网同时进行。

一、置换作业程序

1. 高中压主干管作业程序

高中压主干管置换作业程序较为简单:关闭主干管分段阀门、各分支管(或调压器)前阀门,在供气下游主放散位、分段阀门和各分支管(或调压器)前阀门的放散位连接放散设施,放散至管内压力微正压;慢慢开启上游来气阀门,各放散位连续放散,连续检测放散气体浓度;气体浓度达到着火浓度时,用点火器点燃放散气体,连续 2 次检测天然气含量达 90% 为合格,转入下一个置换作业程序。

由于高中压主干管道长度较长,管径和管容较大,为缩短放散作业时间,要预先计算放散点数量和放散时间,放散时可采取多点放散和提前开始放散的办法来确保准时完成管网的置换工作,以便按计划交给户内置换队伍进行户内置换。

2. 中压管网作业程序(表 4-3)

3. 低压管网作业程序(表 4-4)

中压管网作业程序 表 4-3

序号	工 作 目 的	工 作 描 述
1	切断燃气供应	缓慢关闭分区中压切断阀或高/中区调压器出口阀门
2	排放管内残留燃气	在各放散点摆放安全设备(施)及安装放散管,燃烧管内残留燃气,观察压力下降至微正压时,关闭所有放散管。若管道长度较长,在置换前可利用中/低压调压器把中压管道的压力降至低压,然后再燃烧放散
3	切断试验	观察区内与区外的压差,约 10min 内压差稳定,则证明该区已完全被切断
4	天然气地下管网置换	缓慢开启天然气来源阀门或高/中调压器出口阀门,见放散管的水柱压力有上升趋势,即可再次点燃放散,若天然气的压力没有明显下降,可缓慢将天然气来源阀门和调压器出口阀门完全开启
5	天然气成功置换	各放散点在置换期间不断测试,直至天然气的浓度达 90% 后,仍持续放散 10min,再测试浓度为 90%,置换完成
6	保证天然气及原有燃气的供应正常	关闭各放散管后,再测试区内压力是否正常,然后切断各阀门的放散管,再测试压力及气体浓度(原有燃气及天然气),确保区内、区外的供应正常
7	防止分区阀被意外关闭	将分区阀门井盖上锁,以防止分区阀被意外开关
8	回复原状	整理工具,清理现场
9	管网测漏	对完成置换的管网进行泄漏检测

低压管网作业程序 表 4-4

序号	工 作 目 的	工 作 描 述
1	切断燃气供应	缓慢关闭分区切断阀或中/低压调压器出口阀门,在关闭阀门时,应留意区内、外压力变化(可采用燃烧放散形式)
2	排放管内残留燃气	在各放散点摆放安全设备(施)及安装放散管,燃烧管内残留燃气,观察压力下降至微正压时,关闭所有放散管。若管道较长,置换前,可先将压力降低一些,然后再燃烧放散
3	切断试验	观察区内、区外的压差约 10min,以观察该区是否完全被切断
4	封堵立管	关闭立管阀或使用封堵工具将引入管与地下管网隔开

序号	工作目的	工作描述
5	天然气地下管网置换	开启天然气来源阀门或中/低压调压器出口阀门，在主要分支管最末端放散，若放散管水柱压力有上升趋势，即可再次点燃进行放散，若天然气的压力没有明显下降，可缓慢将天然气来源阀门完全开启
6	天然气成功置换	各放散点在置换期间不断测试，直至天然气的浓度达90%后，仍持续放散10min，再测试浓度为90%，关闭放散，然后逐条立管进行放散
7	保证天然气及原有燃气的供应正常	放散完成后，再测试区内压力是否正常，然后切断各阀旁的放散管，再测试压力及气体浓度(原有燃气及天然气)，确保区内、区外的供应正常
8	防止分区阀被意外关闭	将分区阀门上锁，以防止分区阀被意外开关
9	回复原状	整理工具，清理现场
10	协助置换立管	与户内置换人员协调后，打开引入管阀门或拆走封堵立管的工具，进行用户立管置换
11	管道换移交	与户内置换人员办理移交手续
12	管网测漏	对完成置换的管网进行泄漏检测

二、管网置换工作要求

(1) 明确每人的职责，避免多重指挥、无人或多人操作的混乱场面。

(2) 在预定的合适地点安装带阻焰器的放散管，有时应设多个放散点，并指明具体的控制阀门；在合适的位置(在分区置换图上标明)安装水柱压力计或压力表，并派人监视各点的压力，随时联络。

(3) 在各放散点将原有燃气燃烧排放至规定压力，但应注意保持管内处于正压状态。

(4) 封堵/关闭置换区内的所有地上引入管并须清楚记录，以防遗漏。

(5) 向分区内供应天然气，并保证运行压力，同时在各放散点进行燃烧排放。

（6）用检测仪器对各放散点的天然气成分进行测试，连续 2 次测试天然气浓度超过 90％，其间需持续放散 10min。

（7）调压器出口压力调节至符合燃具的使用要求。

（8）派人定期观察调压站（器）的压力变化，及时调整，确保天然气置换期间，小区居民的稳定用气。

（9）通知户内置换人员，地下管网置换完毕，随时可供天然气。

（10）派人对天然气管网加强检查巡线。

（11）对整个置换过程控制点进行详细记录，实际操作者和各负责人都要签字确认。

三、管网置换中注意事项

（1）燃气排放建议采用燃烧放散的方式，放散管上应安装有阻焰器。

（2）燃烧排放一定要取得工作许可证，必要时取得政府的许可证。

（3）对压力较高的中压管道，应事先考虑降低管道压力，保证管网在低压力状态下运行（必须以确保用气为原则），之后再进行燃烧排放。

（4）事先根据管网体积、流量等因素，核算燃烧排放的时间是否可以控制在流程安排的时间内。如超出规定的置换排放时间，应考虑增加放散点、扩大放散管径、事前降压或提前置换工作时间等方式，确保按规定时间完成地下管置换。

（5）根据管网的长度，如果放散时间过长仍未达到合格的置换浓度，应考虑地下管网是否未有效隔断或管网放散出现错误（超出置换区域）。

（6）管道内原有燃气燃烧放散至微正压后，再引入天然气进行燃烧放散。

（7）与燃烧点距离不少于 1m 的放散管上需安装阀门，在放散软管与地下管网连接口处应有一个阀门，以便紧急情况时能迅速切断气源。放散点的高度距地面不应少于 2m。

（8）放散点周围应用围栏隔离，并有明显的安全标志牌，如严禁烟火、危险勿近等，放置在周围环境的明显处，周围有不少于 2 支灭火器材。

（9）放散点应安装在管网的末端，并注意周围的环境，附近不能有高压线、危险物品存放、公共场所，应考虑用软管引至安全地点燃烧。

（10）点火时应事先预备好点火棒，点火应站在上风侧，控制阀门应慢慢开启。

（11）放散管燃烧时应有两人看守，连续 2 次检测天然气的置换浓度达到 90% 以上，仍持续 10min 后为置换合格。

（12）在置换时应有专人看守与置换有关的管道上的各个切断阀门，关闭或开启相关阀门需听从置换小组负责人的指挥。

（13）中、低压管网可分开置换、也可同步进行。

（14）低压管网置换时选择燃烧放散点要特别慎重，因为有许多的放散布点在小区之中。

（15）低压管网置换尽量利用地下管末端附近的地上引入管，关闭立管阀(无阀采用三通口堵防泄漏皮袋等方法)把阀前三通堵头打开，连接软管至放散管。

（16）在低压管置换的同时，应对调压器进行压力调节，将中—低压调压器出口压力调至天然气的运行压力，并坚持对低压管网进行检漏测试。建议 24h 内检测一次，1 周内进行一次复查，1 个月内再次检测，之后按正常的运行维护制度进行巡查。

（17）在没有立管阀的情况下，低压管原有燃气已燃烧成功，且未通入天然气前，应对与之相关联的所有地上引入管进行封堵，以利于立管气密性测试。

（18）在置换 1 周前应对地下管网进行检查，如切断试验、阀门井附近是否存在有违章建筑或设施阻碍阀门的置换操作。在置换的前 1 天，对区域内置换时应该操作的阀门井采取保护措施，确保该阀门能正常操作。

（19）保持置换期间的通信畅通。

（20）置换期间，可能会发生不同程度的意外事故，燃气公司应考虑购买保险，以保护置换人员和客户的利益。

（21）放散点的具体位置及点火时间，应在点火前24h报告消防及公安等有关单位。

（22）置换时应具备适当的照明设施。

四、检查及衔接

在小区置换工作结束后，应安排人员对管网加强巡查，在置换后一周或一个月内加强巡查频率，之后按正常的巡查要求进行，认真做好巡查记录，发现问题及时处理。尤其是对未改造的承插式接口管网进行测漏检查，并定期在加湿管网的末端测定天然气的湿度，确保符合运行要求。

区域高中压、中低压调压器，在置换后的第一天要24h监控运作，其后，视正常程度增减监控次数。调压站在进行改造后，可能会出现不同的问题，如运行压力不符合用户的需要，所以应加强监控、调节调压器的运行压力，使之完全符合用户的需要。

低压管网置换完毕后，所有立管阀应挂"关闭"标志或封条，无阀门的也应设法妥当与地下管网断开，与户内置换人员交接已置换天然气的每个引出管位置，低压气体的实际压力，双方在交换记录表上签字确认。

交接完毕后，管网置换队伍要留下熟悉管网的人员，配合户内置换和巡检地管。

第六节　置换工作表格

管网置换过程中，文字记录是检查、落实、总结、检索、存档等工作中的重要环节，必须认真负责地进行制表和填写。

各地应根据实际情况制定各类各项表格以备用。下面列举准备、测试、置换几种表格范例，见以下表 4-5～表 4-11。

一、准备工作检查表

总体准备工作完成表(样稿)　　　　　表 4-5

置换小区名称：＿＿＿＿＿＿＿＿　　置换户数：＿＿＿＿＿＿＿＿＿

置 换 日 期：＿＿＿＿＿＿＿＿　　负 责 人：＿＿＿＿＿＿＿＿＿

参 加 人：＿＿＿＿＿＿＿＿　　制表日期：＿＿＿＿＿＿＿＿＿

序号	项 目 名 称	工作完成时间(置换日前)				
		3个月	2个月	1个月	前1周	前1天
1	完善置换区的管网普查及资料					
2	置换区管道及阀门的改造工程					
3	区内调压器的改造					
4	区内管网及阀门的切断试验					
5	承插接口式的管网抽样压力测试					
6	管网加湿工程					
7	临时气源准备					
8	置换所需的工具、仪器是否准备齐全					
9	明确人员分工与职责					
10	列出置换区管网电子图					
11	用于置换的记录表是否准备齐全					
12	清晰、明确地划分置换小区					
13	完善置换区内的客户普查及资料					
14	区内立管进行编号					
15	成立应急控制中心					
16	应急设施组织到位					
17	足够的通讯设施					
18	通讯设施畅通					
19	对现有的方案进行预演					
20	管线已连通各站点					
21	达到设计运行压力					
22	人员培训					

注：所述工作必须在天然气置换日前规定的时间内完成。

小区完成检查表(样稿)　　　　表 4-6

置换小区名称:＿＿＿＿＿＿＿　　置换管网:＿＿＿＿＿＿＿＿

置换日期:＿＿＿＿＿＿＿　　　　调压站名称:＿＿＿＿＿＿＿

负责人:＿＿＿＿＿＿＿　　　　　参加人:＿＿＿＿＿＿＿＿

序号	项目名称	完成时间(置换日前)					置换日
		3个月	2个月	1个月	前1周	前1天	
1	制作管网小区图						
2	立管编号及建档						
3	阀门编号及建档						
4	凝水缸编号及建档						
5	分区压力试验						
6	分区切断性试验						
7	编写分区置换实施计划						
8	实施计划的审批						
9	引入管堵头的松紧						
10	引入管隔离位的管塞及物料						
11	落实置换人员及组织						
12	置换所需工具及配件						
13	置换所需仪器						
14	现场复核管网图资料						
15	分区阀门、井盖未被阻碍						
16	检查阀门井盖上锁						
17	分断阀门两端插上盲板						
18	天然气阀门连通						
19	管道分隔开						
20	检查水井内的水量						
21	违章建筑处理						
22	与户内改造组/工商组的工作会议						

注:上述工作经检查确认无误,完全符合管网天然气置换要求。

二、测试记录表

分区阀门的切断性试验记录表（样稿）   **表 4-7**

1. 分区编号：＿＿＿＿＿＿＿　　2. 置换日期：＿＿＿＿＿＿＿

3. 分区范围：＿＿＿＿＿＿＿　　4. 协调员：＿＿＿＿＿＿＿

5. 阀门所在详细位置：＿＿＿＿＿　　6. 阀门编号：＿＿＿＿＿＿＿

序号	测试位置	区外压力 （kPa）	区内压力 （kPa）	测试时间 （min）	操作员签名
1					
2					
3					
N					

调压器调试记录表（样稿）   **表 4-8**

1. 分区编号：＿＿＿＿＿＿＿　　2. 调试日期：＿＿＿＿＿＿＿

3. 分区范围：＿＿＿＿＿＿＿　　4. 操 作 员：＿＿＿＿＿＿＿

序　号	调压器 详细位置	调压器编号	测试时间 （min）	输入压力 （kPa）	输出压力 （kPa）
1					
2					
3					
N					

三、置换作业记录表格

<table>
<tr><td colspan="3" align="center">地下阀门置换作业记录表(样稿)</td><td align="right">表 4-9</td></tr>
</table>

1. 分区编号：_____　　2. 置换日期：_____

3. 分区范围：_____　　4. 协调员：_____

5. 需要开关的阀门及调压器：_____

6. 天然气的来源：_____

7. 工作人员：_____

序　号	阀门所在详细位置	阀门编号	阀门状态	开(关)时间	操作员签名
1					
2					
3					
4					
5					
N					

<table>
<tr><td colspan="3" align="center">地下管网置换过程检测记录表(样稿)</td><td align="right">表 4-10</td></tr>
</table>

1. 分区编号：_____　　2. 置换完成日期：_____

3. 分区范围：_____　　4. 协　调　员：_____

5. 需要开关的阀门及调压器：_____

6. 填报员工姓名：_____

检测次数	置换开始时间	置换结束时间	置换达到浓度[%(体积百分比)]	置换结束时气体压力(kPa)
1				
2				
3				

地上立管置换交接记录表(样稿)　　　　表 4-11

1. 分区编号: ＿＿＿＿＿＿＿＿＿　　2. 置换日期: ＿＿＿＿＿＿＿＿＿

3. 分区范围: ＿＿＿＿＿＿＿＿＿　　4. 操 作 员: ＿＿＿＿＿＿＿＿＿

5. 接 收 人: ＿＿＿＿＿＿＿＿＿＿＿＿＿＿＿＿＿＿＿＿＿＿

序　号	阀门所在楼栋详细位置	阀门编号	阀门状态	开(关)时间	操作员签名
1					
2					
3					
4					
N					

注: 以上情况完全真实,符合工作标准,同意移交。

第五章 客户系统天然气置换

第一节 置换前的准备工作

一、客户调查

根据置换工作的总体要求，建立客户系统天然气置换的组织机构，可邀请政府主管部门参与这项工作。为保证置换工程的顺利进行和对客户的安全供气，首先必须对客户资料进行细致全面的调查研究，确保资料100%准确，并输入到电脑系统中。

客户资料主要包括以下内容：

1. 燃气用具的调查

用户的燃气用具是调查的重点项目，调查的主要内容如下：

（1）生产厂家或供应商名称、出厂日期；

（2）品牌名称、型号及类型、数量；

（3）安装位置及有无熄火保护装置；

（4）违章情况；

（5）炉况及维修记录等。

在收集到客户的燃具资料后，对不同的品牌、型号等进行分类。按市场占有率的高低排序。对一些特别的工商燃气具，还需调查其设备的加热及调控方式，助燃风机情况，以及产品所需的温度曲线，单位耗热量等。

对燃具资料分类后，可分以下几种情况：

（1）不符合置换要求的（例如国家禁止使用或达到报废年限），必须更新；

（2）生产商或供应商参与置换的；

（3）无标明生产商或供应商的；

（4）生产商或供应商不参与置换的。

根据以上情况，选择燃具生产厂家或供应商参与天然气置换工作。对于（2）、（3）点情况的燃具，可以从一个或几个专业炉具置换商中选择符合要求的负责置换。

在调查过程中，对不符合国家标准的燃具应特别予以记录，并在统计报表中列出，按其占有的份额来制定相应的置换措施。

2. 燃气表的调查

目前居民使用的燃气表有 G 1.6 型、G 2.5 型、G 4 型的，这些燃气表的状况应在调查过程中进行验证。燃气表的调查内容见表5-1。

燃气表调查统计表　　　　　　　　　表 5-1

序号	调 查 项 目	情 况 统 计
1	生产厂家或供应商名称	
2	型号与规格	
3	最大流量与最小流量	最大： 最小：
4	进气方向	
5	表接头材料	
6	煤气表的运转状况	
7	使用时限	
8	有否维修记录	
9	外表的锈蚀程度	
10	安装位置	
11	皮膜材料	
12	其他情况	

在取得调查资料后，对资料进行统计分析。对计量不当、锈蚀严重及违章安装的燃气表，应在置换前更新。

置换前要抽取部分燃气表进行流量及压力测试。按照一户内有 1 个双眼灶具及 1 个 10L 热水器的最大及最小流量进行测试。当客户要求更换功率较大的燃气具或原有的表量程过大时，获取是否亦同时需要更换燃气表的具体数据。

测试燃气表的方法，需参照国家标准GB/T 6968—1997及国家计量检定规程JJG 577—1994或 T 112—2000 进行测试。同时请燃气表厂家出具证明材料，证实在用的燃气表其皮膜以及附件适用于天然气。

3. 阀门及胶管的调查

许多用户的入户总阀和燃气具前的开关为旋塞阀，经长期的使用后，存在关闭不严及漏气问题，建议在置换前对这些阀门进行更换。已经老化的胶管必须更换。之前使用人工燃气的胶管应更换为适合于天然气的软胶管或不锈钢软管。

4. 工商客户的调查

在天然气的置换过程中，均涉及到商业客户、工业客户及公用福利客户(如机关、学校等)的置换。由于商业客户、工业客户及公用福利客户均是相对用气大户，天然气的置换处于优先的位置，因此对它们的调查主要包括以下内容：

(1) 用气时段；

(2) 调压器及燃气表的状况等；

(3) 通风排气系统情况；

(4) 燃烧器前的供气压力；

(5) 客户及炉具的数量、出厂时间；

(6) 燃气设备的生产厂家、型号与规格；

(7) 违章情况。

此类用户的资料必须输入电脑中，并且用专门的人员负责此类用户的置换。商业客户、工业客户及公用福利客户的天然气置换与居民用户置换同样重要，不能因为数量少而放松了准备工作。应合理选择此类用户的置换时间和做好各项准备工作(人员、材料等)，尽可能少地影响到该类用户的正常营业。根据用户情况，原则上采取一户一方案的形式安排置换工作。

二、安全检查

置换前，应配合客户调查进行一次安全检查，也可结合本年度的例行安检一起进行需要置换的客户调查。户内的安全检查，主要是检查户内管道和燃气具的气密性、燃器具的工作情况、户内管道有否违章安装以及管道的腐蚀程度。

户内燃气设施的违章现象包括以下几点：

(1) 燃气表安装于浴室和卧室。

(2) 用户将燃气管道暗藏入砖墙或混凝土内。

(3) 户内燃气管与燃气用具连接处胶管过长或穿墙。

(4) 户内燃气管道穿越卧室。

(5) 用户私自敷设不符合规范的管材或使用不符合规范的配件。

(6) 后期建(构)筑物对燃气管产生影响，例如：

1) 建(构)筑物压住、吊住燃气管。

2) 电线或防盗网与燃气管连接。

(7) 燃气用具的安装不符合国家标准的，如热水器密闭安装、烟道热水器无烟道或烟道式热水器与抽油烟机共用烟道的情况。

检查到有违章现象后，尽快安排时间进行整改，向用户特别说明违章安装而不整改的严重后果。对一些无熄火安全保护装置和不能改造的燃气具，应及早处理，建议客户更换此类燃气具。各地在寻求当地政府财政支持的同时，要制定多种促使新燃气具购置的优惠政策。

三、立管调查与编号

立管调查应采用现场逐条调查的方式，同时照竣工图纸进行，调查工作的主要内容包括如下：

　　(1) 立管的位置(与小区门牌号联系)；

　　(2) 立管的管径及接口填料方式；

　　(3) 立管所连带的用户；

　　(4) 立管的现状(腐蚀程度、违章，如触电线等)；

　　(5) 立管的保养记录；

　　(6) 对立管进行检漏测试；

　　(7) 堵头或阀门进行预先的模拟测试(如拆装或开关)。

　　立管属于低压管道，一般情况下以镀锌管为材料，采用丝扣螺纹连接。在长期的使用过程中，尤其是立管，受外界因素的影响(如地陷、安装质量等)，有可能出现不同程度的泄漏，应选择合适的灵敏度较高的仪器对进行立管测试。

　　在开展对立管的调查工作后，应将普查的资料尽快输入电脑之中，并对立管进行编号。将立管编号后，对将来实现地上管网与客户系统的电脑化管理十分有益，它具有如下功能：

　　(1) 输入立管编号进入电脑系统，可以很方便查取其所连带的客户系统资料。反之，通过任一客户资料也可以很方便的查找出立管编号及所在位置；

　　(2) 任何人在任何时候，如发现立管有问题，只要报出立管编号到抢修中心，抢修中心通过电脑，可查询出所有的资料；

　　(3) 停气时，可在电脑档案中能迅速查出小区用户情况和影响用气的范围。

　　立管的编号形式，结合当地的情况与工作习惯而定。可以考虑用图 5-1 的形式，也可以考虑采用其他形式进行编号，目的是便于电脑及人们的理解与记忆。在立管编号还未形成电脑化管理之前，应按现有的方式收集并登记立管后的客户资料，为天然气置换工作打下基础。

　　立管调查工作完成后，应绘制详细的小区管网布置图，并在图上标明立管的编号或名称，作为小区置换时的图纸资料。图 5-1 是立管编号示意图。

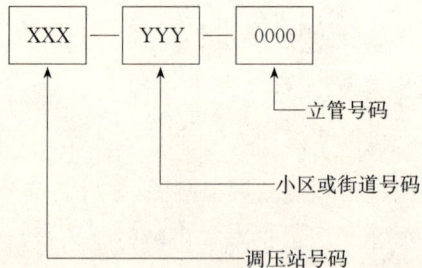

图 5-1　立管编号示意图

四、燃气具厂商的考察

　　在取得用户的燃气具资料后，按各种品牌的市场占有率排序，邀请一定数量的厂商进行置换前工作交底，要掌握炉具厂商以下的有关资料：

　　（1）有资质的技术人员数量；

　　（2）厂商的服务态度；

　　（3）提供的参与置换改造的人员数量；

　　（4）可提供的优惠炉具的价格、品种与型号；

　　（5）可提供置换炉具的零配件的来源与质量；

　　（6）参与自有品牌或其他品牌燃具置换改造的意愿；

　　（7）置换时，厂商的零配件供货期；

　　（8）厂商参与置换的培训人数；

　　（9）厂商的企业现状及设备情况。

　　一般情况下，燃具的改造以生产商置换各自的品牌为主，即生产厂商或代理商负责自己所生产或销售的燃具的置换改造，也可以委托其他有资质的厂商或代理商进行改装工作。在征得原生产厂商同意的前提下，允许市场占有率高的品牌生产商置换占有率低的生产商的燃具，生产商或代理商也可参与无人愿意参与改造的燃具置换改造，但必须对其资质进行审查。

参与燃气用具置换的厂商应符合以下要求：

（1）取得在置换城市的安装、维修资格，并有当地燃气主管部门发放的资格证书；

（2）根据当地燃气主管部门的要求，所有参与置换的人员必须取得当地燃气主管部门核发的上岗证；

（3）参与居民用户燃气热水器置换厂家要具有生产许可证，灶具置换厂家要有生产许可证或相关证明；

（4）参与燃气器具置换的厂家其产品应在当地市场上占有一定的份额，且目前正在生产，并且在持有当地市场准入证；

（5）能组织满足天然气置换进度的有资质人员和零配件；

（6）提供置换后的燃气具样机测试合格证书和相关的技术资料；

（7）参与置换的燃气具厂家有义务为用户提供灶具知识和技术咨询服务；

（8）参与置换的燃气具厂家对所置换的炉具质量负责。

在确定好燃气器具厂商后，应与厂商签订有关的《参与置换协议书》，在协议书中明确燃气具厂商参与置换的安全、质量与进度职责及所承担的义务。

五、置换时工具的准备

在客户系统的置换过程中，需要有许多的人员与设施投入，尤其是在户内置换时，必须准备足够的工具以加快工作进度。

常用的主要工具如表5-2所示（仅供参考）。

六、零配件的组织与选用

天然气置换时的户内燃气具的置换，对于一些有意向参与置换的炉具生产商而言，其所置换的炉具是由其自行生产的，因此该类炉具的零

必备工具与物料　　　　　　　　　　　表 5-2

名　称	数　量	名　称	数　量
U 形压力计		十字螺丝刀	
试漏三通 8mm 配胶管		尖嘴钳	
试漏三通 13mm 配胶管		管钳	
扳手		试漏液及毛刷	
8mm 胶管		W-40 润滑剂	
13mm 胶管		卷尺	
管钳		钢丝钳或鲤鱼钳	
生料带		1 号电池	
钢丝刷		胶管卡/箍(大、小)	
手电筒		适用的呆扳手	
一字螺丝刀		老虎钳	

配件由炉具生产厂家自行组织，但其零配件是否适合天然气，应进行验收。

由于炉具的置换并不全是由炉具生产厂商进行，有相当一部分炉具是由选定好的专业置换商进行的，这类燃气具的零配件选用与组织十分重要。

对于非炉具生产商参与置换的炉具(以下称之为杂牌炉具)应进行以下分类与明确：

(1) 在用户市场上的占有率或占有数量；

(2) 对于不能分清使用年限的炉具，按用户的估算年限或根据炉具的状况作一估计，让用户大致确定；

(3) 全面了解该炉具生产厂家是否仍存在或其零配件生产厂是否存在；

(4) 如厂家不存在或零配件生产厂也不存在，则需对此类炉具进行抽样置换分析。

在每一品牌的燃具交由厂商进行置换改造前，应对其选定的零配件的质量进行检查与确定，凭有关政府部门的检测证书确认其质量。如改造后的炉具经政府检测部门检测，符合使用要求，则选用的零配件可用于相关炉具的置换。

对于超过国标规定的使用年限的炉具，可以寻求政府的支持，最终确定置换的方式，如强制报废或优惠更换等。为了确保燃气具的置换质量，对用户负责，必要时，可对炉具的零配件生产厂商进行实地考查，综合评价零配件生产厂商的产品价格、质量、生产规模及供货能力。

常用的主要配件及所需文件资料如表 5-3 和表 5-4 所示。

置换必备零配件清单　　　　　　　　表 5-3

必备零配件清单

	名　称	数量		名　称	数量
热水器	阀体		灶具	点火喷嘴	
	燃烧器喷嘴			喷嘴（小）	
	能调轴/比例调控阀			喷嘴（大）	
	阀芯			中心火盖	
	打火开关			外圈火盖	
	点火喷嘴			燃烧器（炉头）	
	火排			开关总成	
	电子线路板			打火开关	
	脉冲器				

置换相关文件资料　　　　　　　　表 5-4

名　称	数量	说　明
信件：到访不遇卡		对无人户的宣传单张
《设计规范》有关违章条款及处理信		对用户违章安装的处理
"燃气泄漏"指引不干胶贴		煤气设施泄漏时使用
"禁止使用"不干胶贴		在"禁止使用"的设施上张贴
零配件收费标准		超出改造项目的收费标准
炉具优惠价格表		推销炉具的优惠价格
各类不干胶贴纸，如："已改为天然气"、"未改为天然气"，"禁止使用"等		

第二节　立管及户内设施置换

一、立管测试及置换工作流程

立管测试及置换工作流程如图 5-2 所示。

二、立管及户内管置换工序

1. 立管气密性测试

在管网置换完成后，立管置换人员需要对地上引出管进行封堵，并对立管进行气密性测试。图 5-3 为立管气密性测试示意图。在测试过程中，如有较快的压降，则证明立管或户内设施存在较大泄漏的可能，在排除立管无重大泄漏的前提下，可以断定户内存在泄漏。具体的测试要求如下：

（1）立管测试前，应组织人员在规定的时间内将置换区内的户内阀门全部关闭，并检查设备（如压力计、三通管、胶管等）情况，证实无漏气；

（2）为了减少气温及气压变化对试验结果的影响，试漏时间通常不得多于 5min。对外露管道而言，这点十分重要，应在环境稳定时才试漏；

（3）试验开始之前，须检查设备如压力计、三通管、胶管等证实无漏气；

（4）在地下管网压力排放至微正压后，应立即关闭立管阀门或堵塞地上引入管的三通位置；

（5）对立管进行气密性测试，如果立管测试合格，可以及时置换；

（6）如立管压力测试严重不合格，不可以打开立管阀门或拆开立管的堵头，应将立管与地上引入管分隔开来，挂上警告牌，且记录在工作单上有人负责跟进；

（7）所有的立管测试结果应记录在表中，其测试程序为：

1）对地上引出管进行堵塞/或关闭立管阀门；

停气通知

○

确定地下管网已完成置换程序

确定关上所有连接立管的阀门及燃气表阀门

○

将立管及相连供气系统隔离或更换控制阀 ← 否

进行立管控制阀测试程序

正常

是

寻找气体泄漏处及安排修复工作

进行立管测试

正常 — 否 →

是

进行立管置换程序，利用燃气检测仪检查燃气的浓度

检查立管供应的气压是否正常，如有需要须通知有关部门进行调校

粘贴"天然气"标贴于该立管上

通知天然气置换小组的负责工程师置换工作完成及记录有关资料

是 ← 是否还有其他立管需要测试

否

完

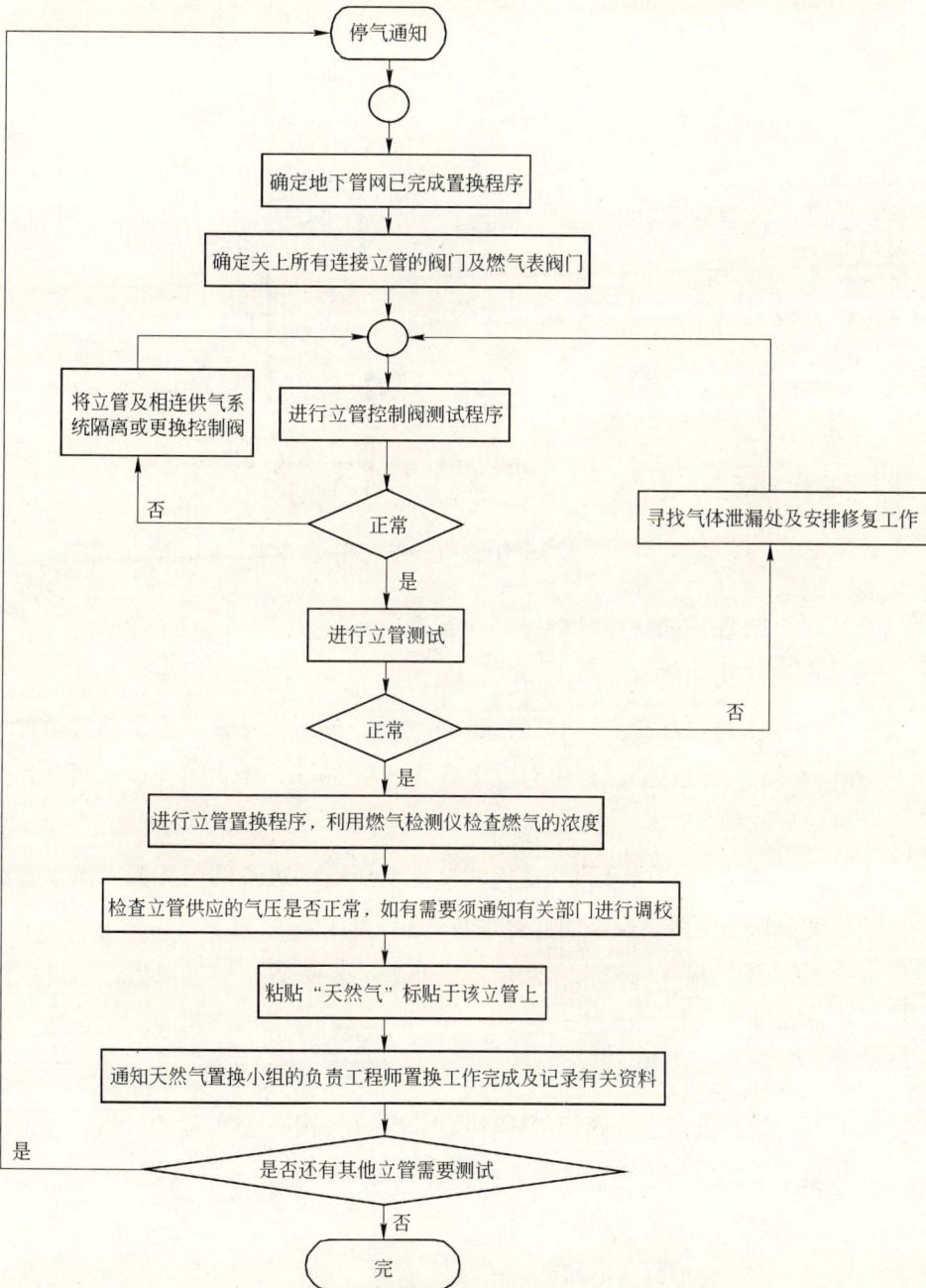

图 5-2　立管测试及置换工作程序

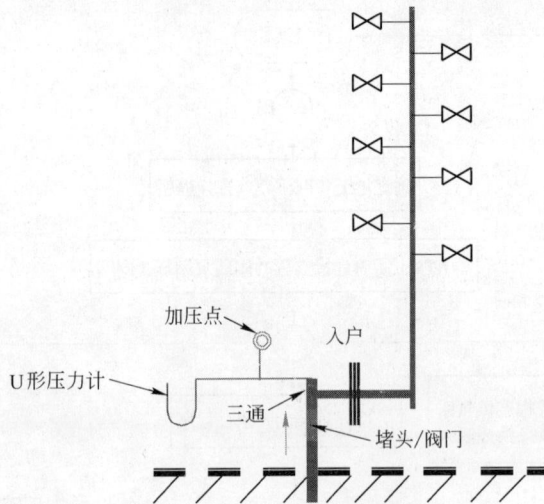

图 5-3　立管气密性测试示意图

2) 在三通位加装 U 形压力计；

3) 关闭所有的户内阀门；

4) 通过加压点，对立管加压，使 U 形压力计读数为天然气运行压力（假定 2.3kPa），待压力稳定后，观测 5min，压力不降，证明立管气密性合格；

5) 如果户内管的气密性测试证明所有的进户阀门无漏，而立管的测试压力下降，则证明立管本身有漏，需要维修；

6) 如果立管气密性测试不合格，一定要查出泄漏原因，不可以随便供上天然气。

2. 燃气立管阀门测试

为减低因立管阀门损坏导致不能检查到用户管泄漏的风险，须依照以下方法进行压力试验，以确保该气阀完好：

(1) 关闭供气阀。

(2) 管道内压力减低。

(3) 观察压力计 1min，看压力有无上升现象。

（4）如确定压力上升，显示气阀已损坏，须修理。

（5）如不能修理好，须安排把气阀更换。

（6）修妥或更换气阀后，重复降压试验。

3. 置换

为避免有爆炸性的混合气体，燃气表及管道在正常使用前需要置换。在置换前，燃气表及管道须先试漏。在置换时，燃气不可在密闭的空间内积聚。在置换点 3m 范围内不可开关电源，严禁吸烟及明火。置换时，禁止在管道上进行任何工程。旁支管道如有阀控制开关可分开置换；如数支旁支管道要同时置换，则每分支都要有人小心监察，不可中途停止置换，置换时须确认燃气表是转动的。放散点应安装在每一段要置换的支管的最远的终端。如分支管要置换，应依据管道尺寸由大至小顺序置换。

（1）立管置换

立管试漏合格之后，必须立刻进行置换，置换包括燃气表控制阀。把置换放散管连接至立管，放散管口须伸出建筑物外，使可燃气体外散至户外，而不会流入建筑物内积聚在密闭的空间。放散管出口处须设置阻焰器。不得点燃驱出的气体，必须以燃气检测仪测试。放散点 3m 内，严禁吸烟及有明火，不得开关电源。置换进行时，禁止在管道上进行任何工程。假如旁支管有阀控制，置换必须分段进行，只能在每条旁支管都受到监察的情况下，才可同时置换。置换时，放散管出口及控制阀须有人监视。置换不可中途停止，如连续 2 次测试确定燃气成分已超过 90％，置换便告完成。

如管道体积超过 $2.5m^3$ 或直接置换时会有潜伏性危险，必须先用惰性气体置换，然后再用燃气置换。惰性气体压力必须受监察及控制，不可超过该管道最大工作压力，注入的惰性气体必须为管道体积的 1.5 倍。

（2）户内管道置换

置换一般可在房间内经灶具排放，不能用热水器放散。置换时要确保空气流通，例如打开窗户，让积聚的气体消散。置换必须以燃气进行，体积不可少于燃气表每转容量的 5 倍，但不能超过管道系统体积的 1.5 倍。如已安装燃气用具，置换后要点燃燃烧器以确定火焰是否正常。燃气用具操作时，必须同时试验燃气调压器的出口压力。

三、燃具置换工作流程

1. 燃具置换工作程序

图 5-4 所示为家庭用户燃气炉具改装程序。

2. 热水器置换

（1）首先确保工作场地安全。具体做法是：打开门窗、熄掉所有明火，对户内管及热水器进行气密性测试。

（2）检查燃具及户内管是否有违章现象。置换前每一户都应已经进行安检，违章的情况应该已经改善妥当；正式置换时，用户服务员应小心再次检查清楚，以免发生意外。

（3）查燃具的状况是否良好，对不适宜置换的燃气具建议用户更换。

（4）热水器置换步骤：

1）将热水器的水、电、气关掉；

2）小心拆下面板，注意不要把面板弄花；

3）将热水器里面的有关插线头拆开，把连接在水控制阀上的接地线及打火线、感应线、进出水管、气管拆下；

4）把水-气联动阀及火排整体拆下；

5）更换火力调节阀之阀芯；

6）将火排从水-气联动阀上拆下；

7）将引气方管从火排上拆下；

8）更换喷嘴及风门；

9）将所有配件重新装好；

10）重新测试炉具气密性；

11）直接放散，开热水器，让其运作起来，观察燃烧火焰时，在连

开　始

↓

由工程监督分派工作给技术员

↓

进入客户家中

↓

可否进入 ──否──→ 将"警告"通知卡放入屋内或"门封"贴在门上

↓可

1. 关上燃气表阀门
2. 抄录燃具型号和数量/读表数；贴封条/关阀门贴封条
3. 询问客户燃具日常运作情况及检查是否需要更换配件
4. 通知客户燃具未改装前，请勿试图使用器具/贴封条
5. 通知客户改装时间

↓

其他客户 ──有──→（返回进入客户家中）

↓无

技术员已领取改装燃具套件及配件

↓

进入已预约客户家中

↓

可否进入 ──否──→ 将"府上已停止气体供应"之通告贴上大门

↓可

户内管气密测试

↓

是否有漏气 ──是──→ 由工程监督跟进及安排修复工作

↓否

进行改装炉具工程，完成后，再测试炉具之运用并查漏，如发现操作有问题，便需即场修理或更换零件。最后将"天然气"字样并查漏及已改装完成之燃具贴纸附于燃具中

↓

是否已经有天然气供应 ──否──→ 记录客户之联络资料

↓是

1. 重新测试户内系统
2. 进行户内置换程序
3. 检查供应气体压力，需要时调校表前调压器之适当工作压力
4. 将所有资料填在工作单上，包括燃气表号码及读数
5. 检查燃气表的操作情况
6. 贴纸/把保修卡交给用户

（可以）←── 可否进入 ──是──→

↓

有无其他已预约改装客户 ──有──→（返回进入已预约客户家中）

↓无

跟进未置换和试炉的已改装用户

↓否

再跟进未预约客户 ──是──→（返回进入客户家中）

↓否

确实"已改装"和"未改装"客户资料，将工作纸交回工程监督处理

↓

完

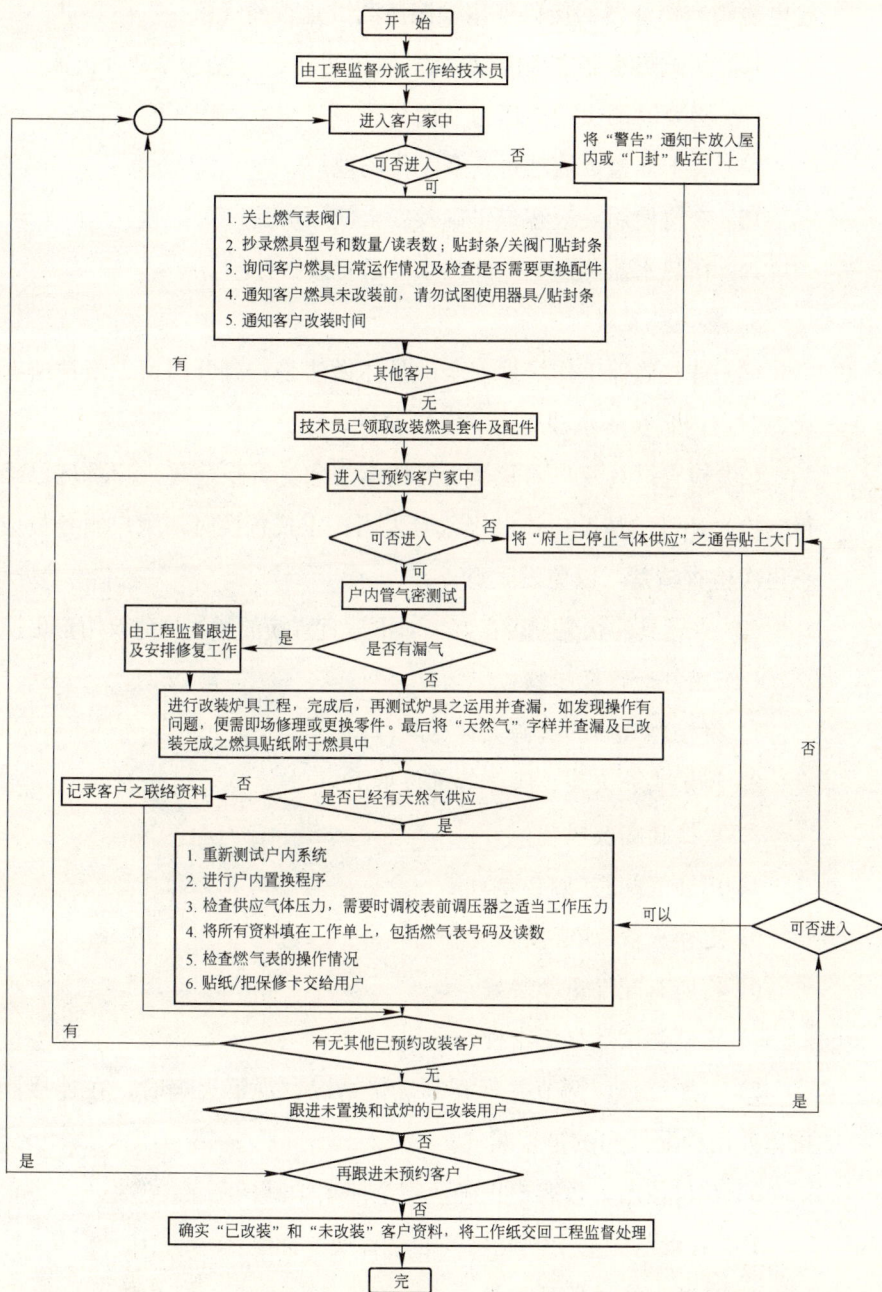

图 5-4　家庭用户燃气炉具改装程序

接电磁阀和燃烧器的接口处用检漏液测试是否漏气;

12)测试热水器之性能(燃烧、风机运转、排废气等是否正常);

13)必要时测试用气压力及用气量;

14)装上面盖,清洁炉具及工作场地;

15)交付使用,教客户正确及安全使用炉具;

16)在热水器侧贴上"此热水器已置换"标签。

3. 燃气灶置换

(1)首先确保工作场地安全。具体做法是:打开门窗、熄掉所有明火、对户内管及热水器进行气密性测试。

(2)检查燃具及户内管是否有违章现象。置换前每一户都应已经进行安检,违章的情况应该已经改善妥当;正式置换时,用户服务员应小心再次检查清楚,以免发生意外。

(3)查燃具的状况是否良好,对不适宜置换的燃气具建议用户更换。

(4)燃气灶置换步骤:

1)将接燃气灶的气源关掉(如有);

2)将炉头、火盖、阀体等部件拆下;

3)更换喷嘴及风门;

4)更换气阀芯(如必要);

5)更换火盖(如必要);

6)将所有配件重新装好;

7)重新测试灶具气密性;

8)点燃灶具,调节并观察其燃烧情况,观察火焰时,在连接阀的接口处用检漏液测试是否漏气;

9)交付使用,教客户正确及安全使用炉具;

10)在灶具侧贴上"此燃气灶已置换"标签。

4. 工商客户燃气具置换

(1)管道系统置换

1）根据置换前后天然气流量及压力要求，对现有管径进行校核。因工商客户用气量较大，气质改变会对流量产生很大影响，不能满足要求的要进行改造。

2）如有镀锌管丝口连接，则密封填料须改用密封胶和生料带。

3）对阀门管道进行防锈、防腐处理。

4）对现有管道系统做气密封性测试，发现问题及时处理。

（2）计量系统置换

根据置换前后流量与压力不同进行校核，除了能适用天然气的特性及压力外，应考虑燃气表的最大流量与最小流量，使其处于合理的量程范围，如有需要，亦应安装压力及温度校正仪来维护企业和客户利益，保证燃气计量准确，对不能满足要求的燃气表及校正仪须进行更换。

（3）燃气具置换

因工商客户燃气具种类及生产厂家众多，其设备型号也多种多样，而且质量上存在一定的差异，很难确定一个标准的置换模式，因此这部分燃气具的置换应由相应的设备生产厂家完成。工商业燃气具置换工序：

1）置换前确保工作环境电力供应及通风系统运作正常；

2）确保测试仪器运作正常；

3）确保足够置换所需工具及工程人员；

4）确保足够置换配件材料（如铜喉、喷射嘴、炉头等）；

5）确保足够紧急安全设备（如灭火器等）；

6）确保燃气阀门已关闭；

7）拆除、更换或置换原有燃气装置、炉体、燃烧室、助燃空气及烟气排放系统等；

8）再重新连接燃气管道及所有安全装置等；

9）置换安装完成后，进行气密性测试；

10）确保排气通风系统启动，室内空气流通；

11）开启总表阀门，调整所需压力；

12）开启末端灶具、燃烧器阀门，置换过程中，用仪器测试气体达到置换标准后，才可点火；

13）检查燃气表是否正常运作，量度及调校各炉具至额定功率；

14）燃烧时确保没有黄火、离焰等不正常现象；

15）重复多次测试安全装置，例如熄火器及电联锁安全装置是否正常运作（如有）；

16）测试烟气排放成份是否达标及温度是否正常；

17）有部分炉具置换完成后，亦需测试有关资料（温度曲线、升温所需时间等）是否达置换前的记录资料。

第三节　置换后户内设施验收工作

户内设施经置换后，要安排人员在置换后的3天内对置换用户进行验收，验收的主要内容为：

（1）户内设施的气密性测试；

（2）燃器具的燃烧工况；

（3）烟气中 CO 含量；

（4）燃器具置换的质量；

（5）零配件的质量；

（6）技术人员的服务满意度调查；

（7）燃气表的用气记录，如转动过慢或过快等。

验收项目应做详细记录，验收前应制定《家用燃气具（灶具、热水器）置换技术要求》，具体要求见下表5-5。

	家用燃气具置换技术要求		表 5-5
序号	试 验 项 目	试 验 方 法	标 准
1	燃具气密性	在燃具进口，连接 U 形检漏仪，通入压力为供气压力，稳压 3min，检测燃具气密性	试验在供气压力下，稳定 3min，压力不下降

续表

序号	试验项目		试验方法	标　准
2	燃烧工况	火焰传递	点燃主燃烧器一处火孔后，测量点燃全部火孔着火时间	热水器 2s(灶具 4s)内点燃全部火孔
		火焰燃烧	点燃主燃烧器，肉眼观察	火苗呈蓝色，内外焰清晰，且均匀
		离焰、黑烟及回火	点燃主燃烧器，放上平底锅，调节阀门，肉眼观察	无
		烟气中CO含量	用检测仪器测定烟气中的CO含量	热水器≤0.02%，灶具≤0.05%
3	电点火着火性能		手持阀门把手，操作速度 1s 左右，观察燃烧器着火情况	连续点火 3 次，至少 1 次以上着火
4	热流量偏差		点燃燃具使其处于最大热负荷最佳燃烧状态，用燃气表和秒表测得小时燃气消耗量，然后计算出热流量及热流量偏差	偏差≤±10%
5	熄火保护装置		开阀时间：从点火操作算起，到熄火保护装置处于开阀时的时间应小于 45s 闭阀时间：在燃烧器点燃后，记录从熄火到熄火保护装置关闭的时间应小于 60s	开阀时间应小于 45s，闭阀时间应小于 60s

第六章　天然气置换的风险管理

第一节　天然气利用的安全与卫生

一、天然气的爆炸、失火及预防

天然气与空气混合物发生爆炸必备两个条件：一是要处于爆炸范围；二是混合物温度达到着火温度。爆炸时的压力比常压约大 6.6 倍，同时产生强烈冲击波，并且往往引起火灾。由于天然气中 H_2 含量极低，点燃无爆鸣声。因此防止天然气管道、管件、燃烧器泄漏是关键。天然气燃具都是高温设备，要采取绝热、隔热措施，与可燃材料保持规定距离。

天然气气源气量大且比较集中，往往需要远距离输送。考虑经济性，则采用较大的压力。天然气的储存不论采用哪种方式，其要求条件均比较高。尽管在技术上都是成熟的，都应该高度重视其高压输配和储存的安全性。

二、天然气及燃烧产物中一些成分的危害

天然气是清洁能源，是指其燃烧产物对环境的污染比其他固体燃料和液体燃料少，并非说不排放对环境有污染的物质。

（1）天然气：输送到城市的天然气都经过处理加工，脱除了不利于管网输气、配气和稳定燃烧以及对人体有害的物质。甲烷本身对人体并无毒，泄漏空气中会降低空气中氧浓度，空气中甲烷达 10% 时，会使人窒息。重质烃对人体中枢神经有麻痹作用，空气中丙烷达 10% 时，2～3min 人就会昏迷，长时间停留会死亡。

(2) 硫化氢：具有臭鸡蛋气味的酸性气体，剧毒。刺激人体的眼、鼻、口腔黏膜，引起流泪、呕吐、头痛。空气中浓度达 $1.54～4.62g/m^3$ 时人会发生昏迷、死亡。

(3) 一氧化碳：无色无味的有毒气体，天然气不完全燃烧时产生。它通过呼吸进入人体与血液中血红蛋白结合，使人体缺氧，发生窒息。当空气中含量达 1.28% 时，1～3min 可致人死亡。

(4) 氮氧化物：烟气中主要有害成分之一，天然气燃烧产生的主要是 NO 和 NO_2，其中 NO 占 90% 以上。

NO 为无色、无臭、有毒的气体，它与人体血液中血红蛋白的结合能力比 CO 高数百倍，还可致癌，对细胞分裂和遗传信息传递有不良影响。NO_2 为红棕色有刺激性的气体，其毒性是 NO 的 4～5 倍，与 CO 共存会加剧危害。与烃在紫外线作用下产生强氧化性的光化学烟雾，毒性更强，伤害人及植物。

(5) 二氧化碳：无色、无臭、带酸味的气体，对人体有麻醉作用，空气中含量高时会使人窒息。

(6) 二氧化硫：无色、有臭、强烈刺激呼吸道黏膜的气体，是硫化氢和有机硫化合物燃烧的产物。

(7) 空气中氧含量降低对人体的危害：自然状态空气中氧含量约为 21%；17%～19% 是必须的最低限度；10% 人会感到呼吸困难；7% 会有窒息危险。

经常通风换气是防止有害物质对人体危害的关键。

三、燃具安装要求及安全操作

为保证用气安全和卫生，必须对使用燃具的房间和燃具的安装提出要求，使房间大小、通风换气状况和用气负荷相适应。住宅的通风换气一般采用自然通风，当其不能满足要求时可改用或辅以机械通风。商业和公共服务部门，由于耗气量大，烟气多，应装设排烟系统，将烟气排出室外。

（1）住宅中燃具必须安装在通风良好的房间，不得安装在浴室、卧室和地下室等地。

（2）安装燃具的房间高度不得低于2.2m，安装快速热水器的房间高度不小于2.5m。

（3）必须选用符合国家标准的燃具，优先选用带熄火保护、缺氧保护和过热保护的燃具，并按要求安装，按规定操作。

（4）使用燃具前，检查房间内是否积存天然气，当发现泄漏时，切勿动火，不要开灯、打电话，应迅速开窗换气。修复后，确认室内无余气才可点火。

（5）点火前应注意排尽燃具燃烧室内的空气，如用明火点火，应先点燃引火棒，不允许先开气后点火。

（6）使用燃具应保证通风，用气时不离人，睡前必须关闭一切燃具的阀门。

（7）保证供应的天然气质量合格、压力稳定，并且符合燃具要求。

四、天然气中杂质的危害

天然气的气质标准是对有害于管道和管道输送过程的杂质的限制。气体中是否含有有害成分和含量的多少，对管道的工作状况、经济效益和使用寿命都有重大影响。天然气中的有害物质主要有机械杂质，如粉尘、硫化铁粉末等；游离水、烃类凝析液、硫化氢和二氧化碳等。

机械杂质含量的高低及颗粒大小对设备和仪表的使用寿命和正常运行影响很大，尤其是压缩机和燃气发动机对粉尘非常敏感，颗粒在$5\mu m$以上就会使叶轮被破坏，还易影响调压器操作。

游离水是造成管道腐蚀的主要原因。没有水就不会引起电化学或其他形式的腐蚀，同时会增加管道阻力，降低输送效率。

液态烃易引起管道阻塞，降低输送效率。

硫化氢既是对人体有害的剧毒气体，也是严重的腐蚀介质，会引起多种类型的腐蚀，如氢脆和硫化物应力腐蚀，尤其在有游离水的环境中危害更大。

二氧化碳也是有害成分，有水时会产生碳酸腐蚀，无水情况下为无效成分，含量多了形成无效输送造成浪费。

第二节　燃气事故分类和信息处理

一、概述

由于燃气具有易燃、易爆、易中毒的特性，生产运行中安全管理工作就显得尤其重要。特别是涉及千家万户和形形色色的客户，在天然气置换工作中难以避免来自客户自身、以及外界人为和自然因素的威胁，一旦发生泄漏、中毒、火灾和爆炸等突发性事故，都会给企业的安全运行和客户的生命财产造成损失。因此，置换工作必须始终坚持"安全第一，预防为主"的方针，认真执行社会服务承诺要求（例如，接到报警后，抢险抢修人员在无路障的情况下 30min 到达事发现场）和应急预案，以避免在事故发生时产生混乱，尽可能减少燃气意外事故所造成的损失，并尽快在符合安全标准下恢复正常供气和运行。

现场人员首先须知事故发生的执行程序：

（1）保障人身和财产安全；

（2）执行应急预案；

（3）妥善处理善后工作。

当发生燃气突发性紧急情况，需要公安消防或有关单位到现场处理时，燃气公司应向公安消防部门提供相关客户资料以予协助。负责人或先期到达现场的人员应运用其判断能力，根据事故程度不同，恰当地执行应急预案，以应付不同情况的要求。

二、突发性燃气事故警报的分类

通常情况下，所发生的突发性燃气事故均由燃气泄漏而引起，因此港华燃气集团将突发性事故警报大致分为五个级别，其分类如表 6-1 所示。

突发性事故警报级别 表 6-1

事故分类	警报级别	泄漏程度	是否影响运行	是否需要外援	受损程度	启动应急预案
第一类 一般事件	1	轻微	不影响	不需要	没有	某部门
第二类 严重事故	2	轻微	轻微影响	不需要	一般	某部门
	3	有增大	有影响	不需要	较为严重	本部/公司
	4	严重	有影响	及时需要	严重	本部/公司
	5	严重	有影响	及时需要	非常严重	本部/公司

第一类：一般事件，也称已受控制的户内管泄漏，只影响单一用户的燃气供应中止事故。

已受控制的燃气泄漏是指虽然燃气泄漏地方仍未修理妥当，但因客户关闭燃气表前阀门而暂时停止的燃气泄漏。当客户热线或各服务点电话接听人员处理这类通过电话投诉的燃气泄漏事件时，应反复查询致电者泄漏点是否已有效地被制止（由于每个客户户内燃气阀门的使用状态和质量不同，可能会有关闭燃气表前阀门并不一定可以制止阀门后的燃气泄漏情况）。直到确定无疑因为关闭燃气表前阀门而使燃气泄漏终止，已不再存在任何危险时，才可将此事件分类为"已受控制之户内管泄漏"。

1 级警报：指户外管和户内立管轻微泄漏，不影响日常运作。

客户用气场所的一般性事件（如：2 级警报以下的事件），在抢险值班人员的正确处理下应能得到妥善解决。

第二类：严重事故。指所有来自公安或消防联络中心的紧急事故报告，一时未受控制的燃气泄漏（关闭燃气表前阀门也不能确定可以制止的燃气泄漏)以及由此而引发的燃烧、爆炸或人员伤亡，供气中断影响到整幢大厦或地区，需要及时向公司汇报。

2 级警报：指户外管和户内立管泄漏，在局部范围内引起的燃烧、爆炸、人员轻伤等情况，有关部门可自行处理。

3 级警报：指户外管和户内立管泄漏，在局部范围内引起的较严重的火灾、爆炸和人员中毒、受伤、及停止供气(影响不超过 6％的住宅/工商业客户)等情况，需知会其他部门随时提供援助。3 级是戒备警报，若在此阶段事故转趋恶化，需即时启动紧急应变计划。

4 级警报：指户外管和户内立管等客户用气场所因燃气泄漏而发生严重的火灾、爆炸、人员伤亡，停止供气(影响超过 500 户，或多于 6％少于 10％住宅/工商业客户)的情况，需启动紧急应变计划，及通知其他部门及外间紧急机构协助处理。

5 级警报：指管道出现严重气体泄漏或某一较大规模和有影响力的工商业客户发生火警、爆炸，人身伤亡(包括其他危及到安全供气的事故，需要公司紧急参与，如自然灾害、自杀性事件)；停止供气影响超过 1000 户或多于 10％的住宅/工商业客户的情况。需要动用多个部门及外间紧急机构协助处理。

突发性事故发生后，现场人员应根据事故发生的程度准确地做出判断并实施报警。但随着事故的不断扩大，现场指挥应果断逐级向安全部门及外界有关单位报警，以寻求紧急支援。

三、突发性事故信息的处理

所有燃气紧急事件各部门必须以高度的责任感和高效的工作机制迅速作出反应。无论电话接听员还是其他班组人员对报警者的态度须诚恳有礼，务求能确切了解事件的详情及严重程度，并尽可能获得如下资料：

(1)报警者姓名、地址及联系电话号码或方式。

(2)事件发生的时间、地点及性质。

（3）燃气味或泄漏是在室内还是室外。

（4）发觉燃气味或泄漏有多少时间。

（5）询问燃气表前阀门是否已经关上，如没有，嘱咐其立即关上直至本部抢修抢险人员到达。

（6）嘱咐客户打开门窗使室内空气流通。

（7）告知客户采取以下安全措施：

1）切勿吸烟；

2）关闭其他能源阀门，熄灭所有明火；

3）切勿开关任何电器电源；

4）切勿用明火查找漏气来源；

5）切勿在已充斥燃气地点使用手机或固定电话，告诫客户在控制漏气之前，如要用电话与燃气公司再联络时，须到室外用电话联系，以免发生不测。

（8）如是现场工作人员报警，通知其立即关闭现场附近的燃气阀门（如表前阀），并要求通知其他客户按以上要求操作。

在获取以上信息后，立即联系通知本部门抢险值班人员或其他部门的相关人员报告与事故有关情况。其报告的内容至少应包括如下：

1）突发性事故发生的时间；

2）突发性事故发生的具体位置；

3）事故发生的性质（包括损坏程度及可能需要的协助）与经过；

4）已通知的单位及人员。

（9）所有人员在接到报警信息的同时，必须立即赶赴现场。抢修抢险人员根据现场情况，可以决定是否通知本部门主管人员。

（10）相关人员收到突发性事故报告后，应根据报告的内容，确定启动应急预案的层次，以便能够及时正确的传递信息。图 6-1 为紧急事故发生时的信息传递流程图。

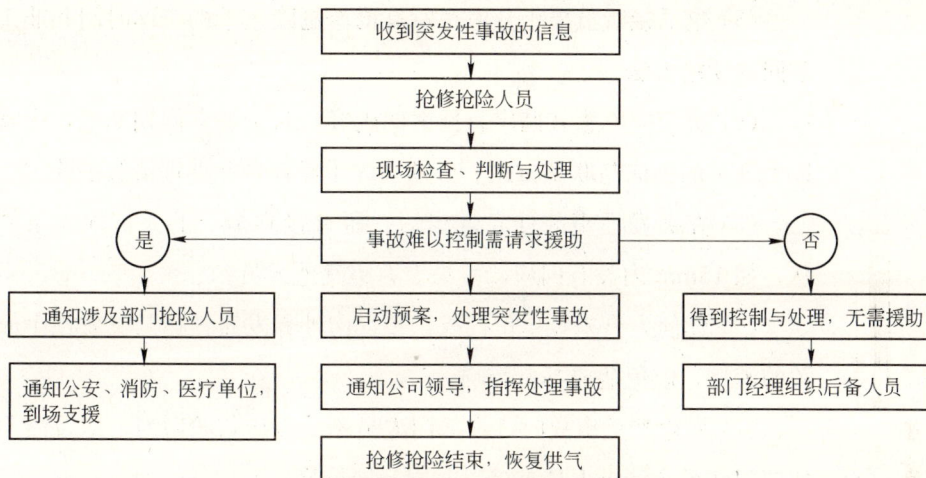

图 6-1 紧急事故发生时的信息传递流程图

第三节 抢修抢险要求及成员职责

一、抢修抢险要求

（1）制订应急预案。目的是一旦在发生突发性事故时能应付自如，尽可能控制事态的漫延和扩张，但考虑到事故的偶然性和人员的动态性。因此有必要对应急预案涉及的有关人员和资料进行定期审核、完善和调整。

（2）调整完善应急预案有关资料周期如表 6-2 所示。

应急预案有关资料周期 　　　　　　　　　　　　　　　表 6-2

序号	资 料 名 称	负责职能部门	调整周期
1	抢修抢险人员姓名及住址	维修抢险部/人力资源部	6 个月
2	抢修抢险人员手机及住宅电话号码	维修抢险部/人力资源部	6 个月
3	抢修抢险人员日常工作和休息时间	维修抢险部/人力资源部	6 个月
4	客户户内燃气器具资料信息	客户服务部	12 个月
5	应急预案的重新审核和完善	维修抢险部	12 个月

注：1. 调整周期如有需要可以缩短，凡足以严重影响应急预案的重要变更，应将有关资料尽快更新。

2. 对于关键岗位应提供指定人员，以便随时替补其工作。

3. 应急预案及有关文件需存放于公司指定的紧急控制中心内。

（3）电话接听员要十分清楚所有抢修抢险人员的工作时间和非工作时间的联络方法。

（4）员工应熟悉掌握应急预案的内容，对于公众假期期间，主管级以上人员的去向与联系方式，必须事先予以报告并办理请假手续。

（5）在突发性事故信息发出后，所有接到指令的人员须无条件服从，如15min内没有回应，应马上召集其他人员。

（6）任何人员未经单位授权，不得向外界发布任何与突发性事故相关的消息，以免造成不良影响。

（7）发生严重事故时，本部门人员不足以应付抢险时，应及时与其他部门联系，请求人员支援以共同开展抢险。

（8）在抢险的同时如安全条件允许，可通过技术处理，尽可能减少损失降低影响。

（9）所有应急抢险车辆、工具、材料必须完备无损并每天进行一次检查，作好记录。

1）常用抢险材料的准备：各种口径和材质的的管材、零配件及快速接头、防腐胶带、黄油、生料带等。

2）常用抢险工具、设备：汽车、照相机、管钳、钢钎、扳手、钢锯、空气呼吸器、防毒面具、灭火器、手槌、水桶、对讲机、警示灯、警示牌（带）、照明灯具、检漏仪、绞丝机等。

3）工作服、布手套、安全帽、长统雨鞋、防护眼镜等。

二、突发性事故处理小组

不同级别的事故发生时，需要有不同的处理办法，因此各公司各部门均应设立突发性事故处理小组，成员包括：

组长：部门经理；

组员：基层管理人员例如包括组别经理或主任；

现场抢修抢险人员：相关岗位员工。

突发性事故处理小组的主要职能包括：必须明确规定小组架构及其

成员职责并通知所有组员，每部门需制定一份紧急应变小组成员及其署理人名单、联络电话等有关数据。

组长在得到突发性事故报告后，应立即组织小组成员到达现场，对事故进行高效处理，因此选择小组人员应考虑所在的地理位置及具备以下条件：

（1）配备常用抢险设备、工具及所需物料。

（2）突发性事故发生时，小组人员能从就近处尽快到场。

（3）有快捷的交通工具，良好的通讯器材如手机、传呼和电话等。

（4）设于受影响区域内风险最低的地方，及有适当通道从外间进入。

（5）熟悉事故管网和客户基本情况。

（6）配备相关文件如紧急应变计划及操作档案等。

三、组长的职责

当出现严重事故时，组长应立即到事故现场，与抢修抢险人员保持密切联系，下达事故处理意见和指示，全权控制处理该突发性事故，并将事故处理进展情况向上级主管和总经理汇报，同时加强与其他部门的协调。其主要职责如下：

（1）对事故及可能的后果做出全面的评估并立即决定相应警报的级别，并指挥处理事故。

（2）确定为严重突发性事故后，确保所需的外界应急抢险人员在接到召唤后迅速到达现场，并视情况通知附近居民进行安全撤离和切断气源。在受影响地点，根据以下次序指挥抢救工作：

1）保障公众及现场人员的安全；

2）减低对设施财物及环境的损害；

3）减低物料的损失。

（3）在发生人员伤亡后，可通知客户中心组提供客户信息资料或人力资源部提供员工资料，以通知联系其亲友，确保得到妥善处理。

（4）确保现场抢险人员的数量与应到场人员的数目（记录数）相同。

（5）加强与参与现场公安消防抢险人员的联系。

（6）安排记录整个事故的发展及处理过程。

（7）在预计突发性事故处理时间需要 4h 以上时，需安排换班作业及提供膳食。

（8）对不能在短时间内解决的事故，应向气象部门获取明显的气候变化状况，以寻求相关对策。

（9）当险情或事故处理完毕，要尽快恢复受影响地区的正常供气。

（10）向上级主管及有关领导汇报，确定宣布突发性事故的完全解决。

（11）尽可能妥善保存证物，以方便将来调查事件起因及发生的情况。

（12）现场指挥在现场工作时，应穿上印有现场指挥字样及公司标志的反光。

四、组员职责

是事故现场的组织和实施者。接到突发性事故发生的通知后，应立即赶到现场做出有效控制并与部门主管保持密切联系，如因特殊情况原因不能到达现场，应指定其他人员代替。其主要职责如下：

（1）评估突发性事故的情况及决定是否为严重事故，并提出是否立即启动执行相应级别预案的意见。

（2）在受影响地点，根据"先救人后救物"和控制泄漏源的原则组织实施抢险，尽可能降低人员和财产损失。

（3）在公安消防部门到达前，组织实施抢救和灭火工作。

（4）确保事故现场非抢险人员均已疏散撤离到安全场所，并积极在事故现场搜索抢救伤亡者。

（5）加强与客户服务热线电话的联系，多渠道了解最新事故损失信息。

（6）在部门主管未到达之前，代行其工作职能，确保已经召集通知的突发性事故抢险人员到场。

（7）向部门主管汇报所有已开展的工作情况并提供下一步处理意见和相关资料。

（8）妥善收集、保存现场物证和原始依据，以便对事故起因的调查。

（9）对事故处理后的工作有深刻的认识并负责事故处理后的调查与事故总结报告。

由于每次突发性事故的性质和程度各不相同，对不同事故的现场指挥，可参照表 6-3 处理。

事故现场指挥　　　　　　　　　　　　　　　　　表 6-3

事　故　性　质	第一联络人	现场组织指挥
户内管及户外管轻微泄漏	安装维修组	班组长
户内管及户外管泄漏但未造成人员伤害	安装维修组主任	班组长
户内管及户外管泄漏发生燃烧、爆炸甚至导致人员受伤	安装维修组主任	高级主任
用气场所发生燃烧、爆炸，甚至导致人身伤亡	安装维修组主任	部门经理
用气场所发生燃烧、爆炸、停止供气影响超过 500 户	安装维修组主任	部门经理
用气场所发生燃烧、爆炸、停止供气影响超过 1000 户或其他影响安全供气事件，如自然灾害、自杀性事件等	安装维修组主任	部门经理

五、现场抢修抢险人员职责

是现场抢险工作的主要力量之一，其职能如下：

（1）接受现场指挥的合理安排并积极参与抢修抢险工作。

（2）介绍并提供现场基本资料，协助现场指挥控制现场局面。

（3）查找并确定燃气事故源，并在可能的情况下，采取临时措施进行处理，降低事故风险。

（4）如确定要进行长时间抢险，须严格遵照安全规范制定并实施抢险计划，同时获取现场指挥批准。

（5）与现场指挥保持联络，随时汇报工作进展。

（6）向现场指挥汇报，请求人力或技术支援。

（7）取得部门主管同意，积极恢复供气。

（8）积极协助做好事故的调查处理工作。

第四节　天然气置换工作的风险管理

一、天然气置换风险防范和应急预案

天然气置换工作存在一定的风险性，因此应提前制定《天然气置换风险防范和应急预案》。

（1）设立紧急控制中心及现场紧急控制分中心。紧急控制中心地点设在指定位置，中心配置依据公司或企业制定的《天然气置换风险防范和应急预案》，现场紧急控制分中心设在现场置换受理处。发生任何紧急事故时，紧急控制中心及现场紧急控制分中心均为禁区，不准未经许可的员工及访客进入。

（2）应在另一指定地点设立一所后备紧急控制中心，目的是当总控制中心无法使用时，有关执行应急计划的人员可转往该处展开工作。

（3）制定的天然气置换风险防范和应急预案中应明确紧急应变组织机构及成员、职责及分工。

（4）培训和演练。必须对所有参加天然气置换的政府相关管理部门人员和工作人员必须接受适当的培训，确保每个工作人员明确自己的职责和对紧急应变计划措施的充分了解，以便在发生紧急事故时能有效的作出应变。培训内容包括仿真演练、紧急应变演练、火警及点名演练等，此培训应于置换前 20 日完成。

（5）面对媒体和公众。应指定公司或企业的发言人，以便事故发生后能在第一时间向外界统一提供事故的最新进展，并确保所有相关人员

对媒体及客户作出一致的反应，尽可能地减少事故对公司或企业的不利影响，这也有助于树立公司向公众负责的企业形象。

（6）善后行动。紧急事故处理完成后，只能由总指挥宣布解除紧急戒备状态，在进入现场后应先彻底检查现场环境，待确定符合安全要求后方可进行有关工作。

（7）调查与总结。紧急事故消除后，应成立调查人员进行事故调查分析，主要包括：事故的原因、应急行动的成效、预防事故的措施。调查完成后，填写事故报表，总结事故教训以及对事故后的教育，不断完善紧急应变计划，提高紧急应变能力，以避免类似事故的发生。

二、置换期间危险因素识别及后果

置换期间危险因素识别及后果见表6-4。

置换期间危险因素识别及后果 表6-4

序号	项目名称	可能的故障	可能的后果	处理办法
1	地下管	1. 管道破裂、泄漏； 2. 管道错误串通； 3. 管道堵塞； 4. 置换时流速过大； 5. 置换放散时燃气进入户内； 6. 放燃火炬周围有易燃物、朝向人群； 7. 放散时液化气积聚在地面； 8. 有积水使供气时断时续； 9. 建筑物压占管位	1. 引起火灾、爆炸； 2. 导致停气、泄漏、火灾、爆炸； 3. 影响置换工作； 4. 产生静电引起火灾、爆炸、离； 5. 引起中毒； 6. 引起火灾、人员烧伤； 7. 引起火灾、人员烧伤； 8. 引起中毒、影响置换工作； 9. 可能引起泄漏、火灾、爆炸	1、2、3、5. 按《天然气置换风险防范和应急预案》执行； 4. 控制流速； 6. 灭火器灭火、放正火炬； 7. 用火炬放燃； 8. 抽尽积水； 9. 拆除违章建筑或管道改造
2	阀门	1. 关闭不严； 2. 阀门泄漏； 3. 被误开误关	1. 影响置换工作； 2. 引起火灾、中毒、爆炸；影响置换工作； 3. 影响置换工作引起火灾、爆炸	按《天然气置换风险防范和应急预案》执行

序号	项目名称	可能的故障	可能的后果	处理办法
3	调压器	1. 超压保护失灵； 2. 自动切断关闭失灵； 3. 执行机构失灵； 4. 备件破损	导致停气、泄漏、火灾、爆炸、超压会导致煤气表大量炸裂漏气	按《天然气置换风险防范和应急预案》执行
4	立管	1. 出现泄漏； 2. 引入管堵塞不严	引起火灾、中毒、爆炸	排除故障后再行置换
5	户内管	1. 未经检测或出现泄漏； 2. 放散时燃气在室内积聚； 3. 明火查漏	1. 引起火灾、中毒、爆炸； 2. 引起火灾、中毒、爆炸； 3. 引起火灾、爆炸	1. 排除故障后再行置换； 2. 放散时燃气用软管通至室外； 3. 在灶具上放燃严禁明火查漏
6	燃器具	1. 改造后未经试用； 2. 改造后验收检测不合格； 3. 零配件错配； 4. 原有燃具未经改造被客户误用	1. 引起泄漏、火灾、爆炸； 2. 产生废气，引起人员中毒； 3. 影响到燃烧效果； 4. 危及到用户人身及财产安全，引起火灾	严格按户内置换改造方案执行
7	违章	1. 胶管过长或老化； 2. 户内暗藏管； 3. 管道穿过卧室、卫生间等； 4. 使用直排式热水器； 5. 烟道式热水器烟道安装不合格； 6. 燃气表安装在密闭场所等； 7. 热水器封在柜内或周围有易燃物； 8. 旋塞阀漏气或关闭不严； 9. 热水器烟道共用、通入卫生间	可能引起泄漏、中毒、火灾、爆炸	1. 更换； 2.～7. 按《户内安全隐患种类和处理办法》执行整改，更新，整改； 8. 更新； 9. 整改

续表

序号	项目名称	可能的故障	可能的后果	处理办法
8	其他	1. 天然气与原有燃气未可靠切断或隔离； 2. 临时电源线过载、无漏电保护，引入管封入室内； 3. 抄表时未关阀门； 4. 燃气通入检测不合格的立管； 5. 用户归属区域错误，燃气表漏气； 6. 过激人群闹事； 7. 引入管堵头打不开	1. 影响到置换进程和燃具的燃烧效果，可能有中毒等危险存在； 2. 可能引起火灾、触电、影响置换进程； 3. 影响堵气检测、可能引起泄漏、火灾、爆炸； 4. 可能引起泄漏、火灾、中毒、爆炸； 5. 可能引起泄漏、火灾、中毒、爆炸； 6. 影响置换进程、火灾； 7. 可能引起泄漏、火灾、中毒、爆炸； 8. 影响置换进程、损害企业形象； 9. 影响堵气检测，可能引起泄漏、火灾、爆炸	1. 切断试验合格后方可进行置换； 2. 预先整改； 3.～5. 排除故障后再行置换必要时更新立管； 6. 预先查清； 7. 换表； 8. 分散咨询点、及时疏导； 9. 预先整改

三、置换期间安全注意事项

（1）置换期间应统一佩带胸卡，并按置换岗位配备相应的安全防护用品。

（2）置换期间通讯联系应保持通畅。建立全面的通讯联络方式，通讯录在置换前应予以核对确保无误。

（3）调压器、阀门置换及点火放散等涉及存在危险作业的均要求必须双人操作，并严格遵守安全操作规程。

（4）各放散点、阀门应预先检查是否符合安全要求，用警示牌和警示带封闭为警戒安全作业区，警戒安全作业区应设有明显标志并配置相应的消防器材；在确认放散管的安装配置正确无误后方可进行放散作业。

（5）进行燃具器的安装、改装人员必须持证上岗。

（6）燃具改装如遇非平衡式热水器安装在浴室内等严重违章应拒绝

改装，对严重老化的软管必须更换并上紧管夹，对于铁壳铜芯旋阀塞，必须更换为球阀。

（7）改装完毕后应严格按燃具改造方案进行燃具气密性及燃烧工况检查。

（8）遵守置换工作规程，对无人户需适当处置及作好跟进。

（9）违章用户未整改的应拒绝置换，并安排跟进处理。

四、置换地下管的潜在危险类别和危险事故级别

1. 置换地下管的潜在危险类别

表 6-5 为置换地下管的潜在危险类别。

置换地下管的潜在危险类别 表 6-5

序号	设施名称	可能的事故	可能的后果
1	阀 门	1. 不能开关； 2. 关闭不严； 3. 阀门泄漏	1. 影响置换工作； 2、3. 泄漏，火警，爆炸
2	地 管	1. 接口泄漏； 2. 管身破裂； 3. 管道意外串连其他区域	1、2. 泄漏，火警，爆炸； 3. 影响置换工作
3	调压器	1. 组件破损； 2. 关闭不严； 3. 过滤器堵塞	1. 泄漏，火警，爆炸； 2. 出口压力过高，泄漏，火警，爆炸； 3. 出口压力偏低

2. 危险事故级别

表 6-6 为事故警报级别。

事故警报级别 表 6-6

警报等级	警 报 内 容
三 级	客户用气场所发生大量泄漏
四 级	1. 客户用气场所发生燃气燃烧、爆炸； 2. 户内管及立管泄漏、发生火警、爆炸； 3. 停止供气影响超过 100 户
五 级	1. 停止供气影响超过 300 户； 2. 管道出现严重气体泄漏、火警或爆炸，甚至导致人身伤亡； 3. 某一大型客户或重要客户出现严重泄漏、火警或爆炸

五、安全管理及紧急应变措施系统运作流程

安全管理及紧急应变措施系统运作流程如图 6-2 所示。

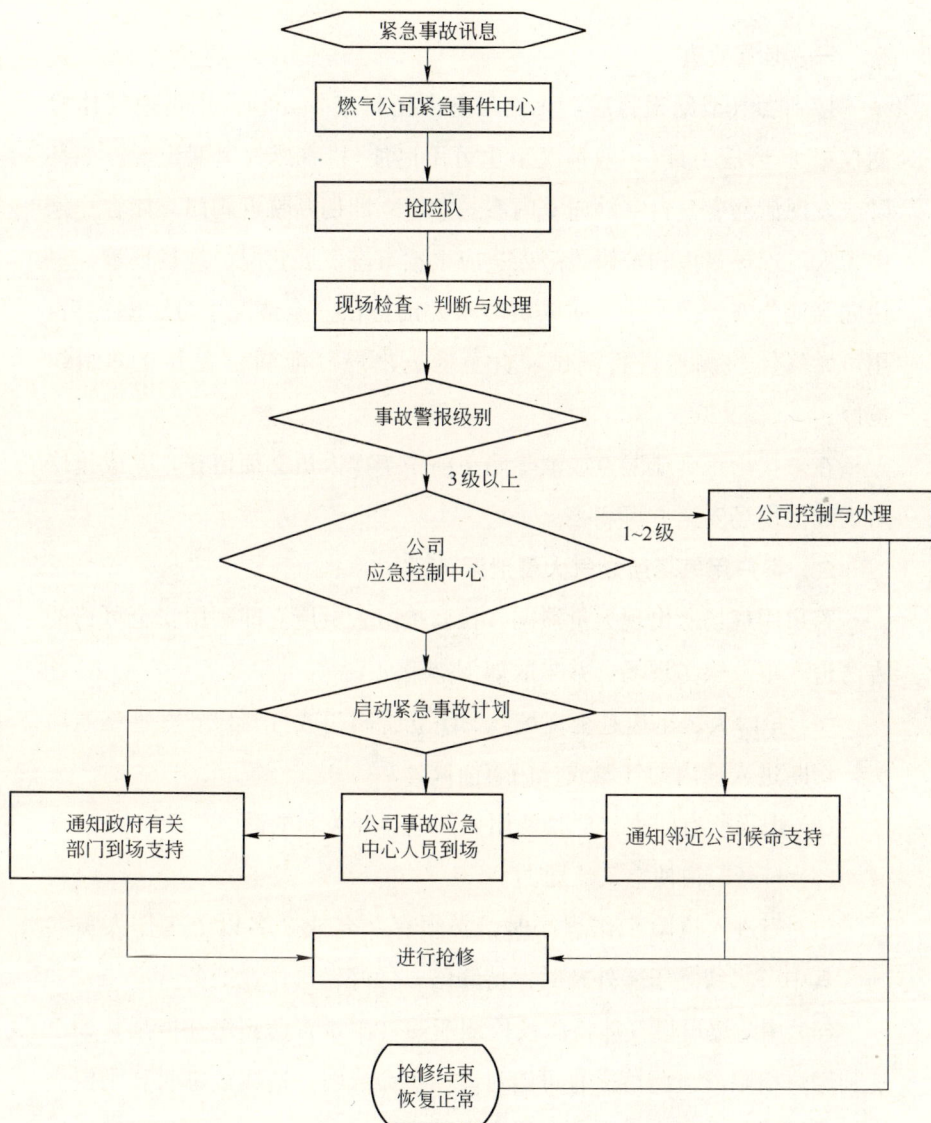

```
        ┌────────────────────┐
        │     紧急事故讯息      │
        └────────────────────┘
                 │
        ┌────────────────────┐
        │  燃气公司紧急事件中心  │
        └────────────────────┘
                 │
        ┌────────────────────┐
        │       抢险队         │
        └────────────────────┘
                 │
        ┌────────────────────┐
        │  现场检查、判断与处理  │
        └────────────────────┘
                 │
        ◇ 事故警报级别 ◇
                 │ 3级以上                  ┌──────────────┐
                 │              1~2级         │  公司控制与处理 │
        ◇ 公司应急控制中心 ◇ ──────────────→ └──────────────┘
                 │
        ◇ 启动紧急事故计划 ◇
         │          │          │
  ┌──────────┐ ┌──────────┐ ┌──────────────┐
  │通知政府有关 │ │公司事故应急│ │通知邻近公司候命支持│
  │部门到场支持 │ │中心人员到场│ └──────────────┘
  └──────────┘ └──────────┘
         │          │
        ┌────────────────────┐
        │       进行抢修        │
        └────────────────────┘
                 │
        ┌────────────────────┐
        │  抢修结束恢复正常      │
        └────────────────────┘
```

图 6-2 安全管理及紧急应变措施系统运作流程

第五节 置换期间突发性事故处理

一、泄漏检查

接到燃气泄漏报警后，无论是室内还是室外，宜采用可燃气体检测仪或U形压力计（一般情况下也可用皂液）检查燃气泄漏位置。如怀疑或发现泄漏燃气自室外向室内渗入，应立即切断就近阀门。如客户家中无人，现场指挥和抢修抢险人员应根据事态发展状况、现场环境，尽快向当地公安派出所或消防人员寻求协助，在安全情况下进入室内后，用可燃气体检测器进行测试，直至检查出燃气泄漏位置并立即组织抢修。

在未找出正确泄漏点或消除隐患前，工作人员必须留守，完成抢修后需确保现场安全方可离去。

二、客户用气场所燃气大量泄漏

客户用气场所出现大量泄漏，抢修抢险人员应立即利用安全可行的方法进入事故第一现场，并采取如下措施：

（1）抢险人员迅速赶至现场，关闭立管阀门或打开户外立管三通堵头，切断进入户内的气源或户内表前阀。

（2）熄灭所有明火，严禁使用任何电器开关和电话。

（3）打开门窗使空气流通。

（4）当进入抢险工作程序时，必须有2名或2名以上工作人员参与。其中一人留守于屋外及时保持联络，做好轮班作业准备。

（5）用防爆可燃气体检测仪检测泄漏气源是否达到爆炸极限，如已达到爆炸极限或泄漏情况有可能对人体生命或财产造成危害时，则要立即组织对区域内的人员沿安全通道有秩序地疏散撤离。

（6）用警示灯、警示牌、围绳设置路障，禁止车辆或抢险人员进入现场。

（7）设立"严禁烟火"警示标志。

（8）在安全及可行情况下，将存在的室内液化石油气瓶移出现场。

（9）在进入有燃气泄漏的密闭场地或建筑物时，应进行风险评估，使用呼吸防护设备及所需的其他安全装备。

（10）如发现任何人发生燃气中毒或窒息的情况，须将其立即移至通风的地方，如伤者已停止呼吸，应对其施行人工呼吸，紧急通知救护车。在可能情况下，须尽量获取广大居民的帮助。

（11）通知相关部门主管及后备抢险人员，赶赴现场支援。

（12）抢修人员检查户内燃气设施及用气设备，迅速找出泄漏点。抢险人员按照现场指挥要求及《燃气燃烧器具安装维修规范》立即实施抢修，直至泄漏点完全被修复。

（13）在对泄漏点进行检测无漏且对周围环境进行检查无其他不安全因素后，通知和经客户同意，恢复供气并对炉具放散点火直至成功。

（14）汇总详细的事故调查及抢险过程，以备事故分析。

三、客户用气场所发生燃烧、爆炸

（1）抢修抢险人员接到报警电话后应立即赶至现场，同时联络安装维修组主任。

（2）迅速检查并关闭现场附近与燃气泄漏发生燃烧、爆炸用户有关的管道阀门，切断气源。

（3）设置路障，禁止行人、车辆进入事发区域。

（4）组织客户人员有秩序地沿安全通道疏散撤离。

（5）在公安消防部门到达现场后，协助扑灭火势后再实行燃气设施的抢修工作。

（6）对燃气设施的抢险工作结束后，禁止直接向事故区域客户供气，应待事故现场处理完善后，并取得客户同意，才能恢复供气。

（7）现场指挥根据情况决定有关人员协助公安消防和燃气主管等部门调查、取证。

（8）汇总详细的事故调查及抢险过程，以备事故分析。

（9）对于非燃气引起的燃烧、爆炸事件，抢险人员到达现场后，必须立即检查与切断火灾户的气源，协助设置路障与组织疏散，留守部分人员在事故后进行检修并协助调查。

（10）如发生涉及到人身伤亡的事故，协助进行抢救。

（11）燃烧、爆炸事故消除后，应对管道和设备进行全面检查，消除隐患。

四、客户供气中断

超过 500 户以上的供气中断如果是由于生产和输配管网等诸多原因而引起的，需积极配合做好停气通知和安全宣传。

但如果是因为客户发生泄漏、燃烧、爆炸或人员伤亡事故所引起的人为停止供气，抢修人员应采取如下措施：

（1）参照本节《客户用气场所燃气大量泄漏》有关程序处理。

（2）参照本节《客户用气场所发生燃烧、爆炸》有关程序处理。

（3）事故处理完毕后，部门经理应与公安消防、燃气管理处人员以及客户商定并取得他们同意，才能恢复供气。

（4）恢复供气程序按《管道通气程序》进行。

五、户外放散(放燃)点发生局部区域可燃气体爆燃

立即利用现场配备的消防器材进行扑救，同时缓慢关闭上游燃气阀门控制火势。严禁突然将阀门关闭，防止回火发生。如果引燃周围设施，火势难以控制，应立即通知消防队前往扑救，同时对周围人员进行疏散。已造成人员受伤的应立即将伤员撤离现场，通知现场医务人员进行现场处理并视具体情况进一步治疗。

有关技术人员现场进行技术分析，迅速查明原因，制定对策改善安全防范措施，确保安全的前提下继续置换工作。

六、户外直排放散时燃气进入户内

户外放散采用直接排放的，必须要求居民关闭窗户，但有的窗户密闭性不好，燃气就可能进入户内，这时应用软管引至安全处进行点火放散。当居民反映家中有燃气味时，立即停止放散，让居民打开窗户通风，期间不得开关电器、使用明火。当燃气散尽，没有臭味时，用软管引至安全处进行点火放散。

由于采用直排方式的放散点燃气排放量不大，扩散后一般不会对居民产生其他危害。万一发生户内人员中毒，第一发现者应视现场条件迅速进行通风，将中毒人员迅速带离现场，医务人员进行现场急救，视情况进一步治疗。该区置换安全监管组人员同时应仔细核查是否另有中毒者未被发现，未经确认不能离开现场。

七、置换过程中人员中毒

置换过程中坚持双人操作，监护措施落实，一旦发现有操作人员发生急性中毒，应立即将中毒者带离燃气污染区，现场医务人员进行现场急救、吸氧，并视情况进一步治疗。

在对中毒人员的紧急处置的过程中，置换人员应迅速采取措施，控制煤气外泄量，防止煤气污染区的进一步扩大。严防在污染区内开关电器，使用明火等危险作业。

八、中低压燃气管发生失控泄漏

一旦发现中低压管道发生渗漏、断裂、破裂等突发情况，现场立即视具体情况设立警戒区，上下风向不少于30m，疏散人员，严格控制周围火源，并立即向现场总指挥汇报，控制压力，减少泄漏量，有关人员应立即查明原因，加强检测与通风，驱散现场气体的积聚，并组织现场抢修，尽快恢复置换。

发生紧急事故后，相关人员应判定事故级别，并密切注意事态的发展，保持畅通的通讯联络，以便决定是否启动紧急应变计划。

九、其他事件

发生地震、台风等自然灾害或利用燃气自杀爆炸威胁，抢修抢险人员接到报警后，应沉着冷静参照和采取相关预案和制度的有关程序，并加强同公安消防等其他政府部门的联系，协同处理。

十、人员的疏散

发生了燃气大面积严重泄漏事故后，为了防止事故的进一步扩大，减少对人员的伤害，对下列情况之一必须考虑组织人员的疏散。

（1）如发现和怀疑在密闭场地内有大量燃气泄漏，因种种原因不能关闭适当的燃气阀或通风将之驱散，而且经可燃气体检测仪检测泄漏气达到和接近爆炸极限且有上升趋势时，则必须进行疏散。

（2）当发现和怀疑，泄漏燃气渗入地下室、多层大厦或大型建筑物，且经可燃气体检测仪检测泄漏气达到和接近 20％的爆炸下限（LEL）或有人因吸入燃气出现不适症状，须将大厦、建筑物内的人员疏散。

（3）如可能受爆炸波影响，亦须对毗邻或相对的房屋和建筑物内的人员进行疏散。

人员的疏散工作是根据事故警报类别及现场的上述情况进行，主要是由到场的公安、消防人员以及当地居委会、物业管理人员进行，燃气抢修抢险人员主要任务是积极协助配合，其要求如下：

（1）设置路障，严禁行人、车辆进入管治区。

（2）与当地居委会、物业单位联系，组织人员沿安全通道撤离。

（3）通过当地居委会、物业管理部门挨家挨户，通知客户关闭一切火源并沿安全通道有秩序地撤离现场。

（4）如果仅是发生泄漏，现场指挥人员应提醒客户严禁使用手机、室内电话及开启任何电器设备。

（5）所有人员撤离至安全地点，由当地居委会、物业单位人员进行清点，如有人员失踪，应及时报告现场公安、消防人员。

（6）如果已发生燃烧且燃烧的火焰发亮或伴有刺耳的叫声，表明有爆炸的危险性，应立即组织人员向远离着火的方向撤离。

十一、恢复供气

事故处理完毕后，在经公安消防和客户的同意后要尽快地安全地组织恢复供气，其程序如下：

（1）现场人员对事故区域的情况作进一步检查、判断，确保抢险工作安全无遗漏。

（2）事故修复后的管道或设备必须经过严格的压力试验或气密性试验合格后，才能按程序进行氮气或燃气置换。

（3）一切正常后，部门经理应及时与客户热线联系沟通并报告部门主管和总经理，取得可以通气指令。

（4）检测无泄漏后，利用间接置换或直接置换的方法进行置换（视事故修复后管段容积的大小而定），在安全地点用燃烧形式排放，燃烧一段时间后用可燃气体检测仪检测，直至检测到气体浓度达90％以上，即表明置换合格。

（5）置换合格后，按用户供气程序，恢复正常供气。

（6）对受影响的工业及商业客户应指定专人上门逐户点火，确保客户安全。

十二、请求援助与联络方法

1. 援助部门

突发性事故发生后，如本部门或（公司）人力资源明显不足时，应立即考虑向公安、消防、医疗、物业、居委会及公司其他部门（或其他公司）请求人力、技术和机械设备的支援。

2. 联络方法

图6-3为联络方法示意图。

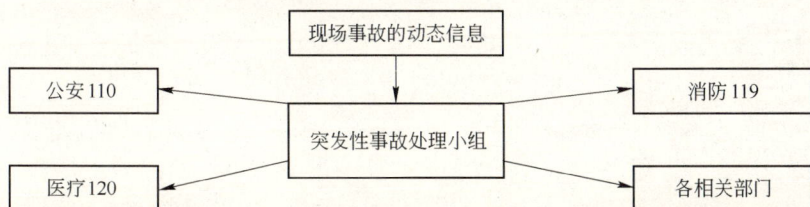

图6-3　联络方法示意图

十三、事故分析与调查

突发性事故消除后，本部门突发性事故处理小组负责对事故发生原因进行调查分析，内容包括：

(1) 发生突发性事故的原因。

(2) 所采取的行动效果。

(3) 配合公安消防、燃气主管等部门进行调查取证。

(4) 如何防止事故再发生。

(5) 事故的调查分析报告提交部门主管和公司安全管理部门主管。

第七章　天然气置换工作参考图例

图 7-1　天然气城市门站全景

图 7-2　天然气门站一角

图 7-3　改造过的调压站设施进气端

图 7-4　改造过的调压站设施出气端

图 7-5　置换用放散棒

图 7-6　人员培训时模拟点火放散

图 7-8　置换场地的基本布置

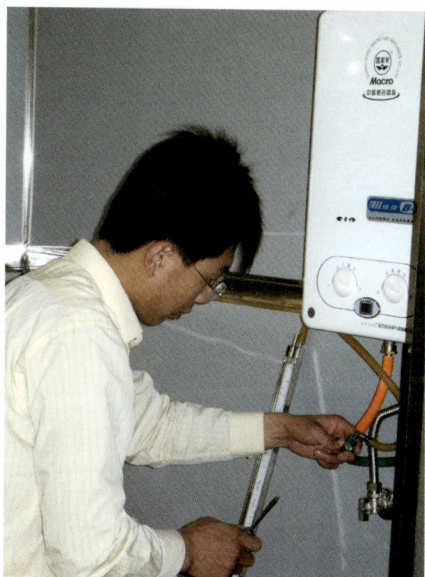

图 7-7　人员培训时热水器改造训练

图 7-9　地下管网置换放散点

图 7-10　地下管网置换放散点放散接近完成

图 7-11　置换完成后地下管网泄漏巡查

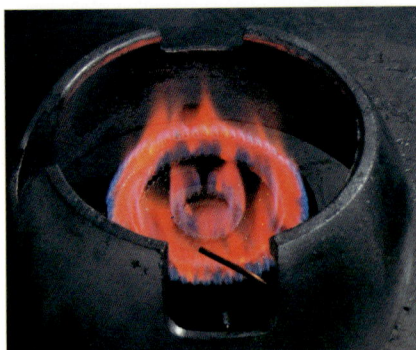

图 7-12　改造过的公福用户炉灶试火

图 7-13　改造过的公福用户炉灶调试

图 7-14　测试改造后的公福炉灶燃烧情况

图 7-15　阀门封条样本

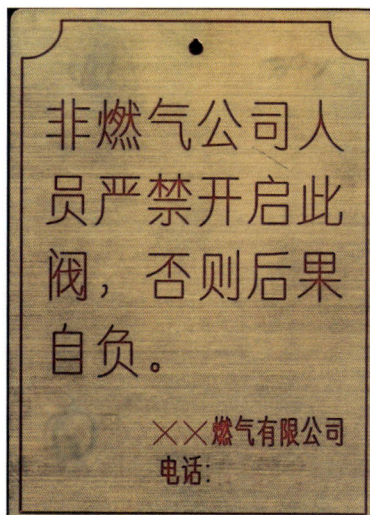

图 7-17　到访不遇通知书样本

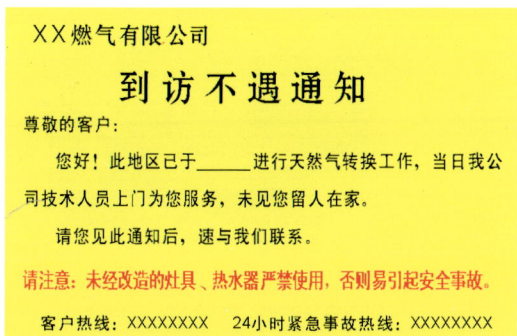

图 7-16　阀门警示牌样本

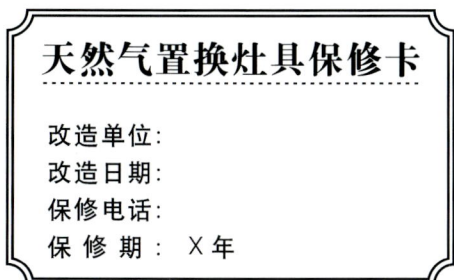

图 7-18　改造炉具保修卡样本

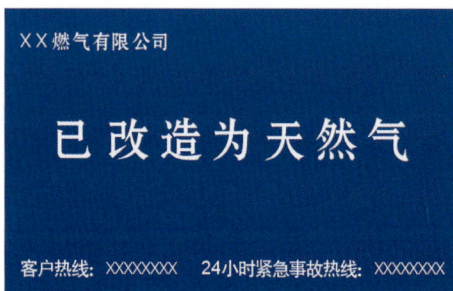

图 7-19　改造完成标签样本 1

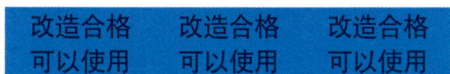

图 7-20　改造完成标签样本 2

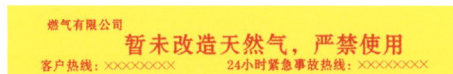

图 7-21　燃器具或用户阀门封条样本

图 7-22 客户通知书样本

图 7-23 置换公告样本

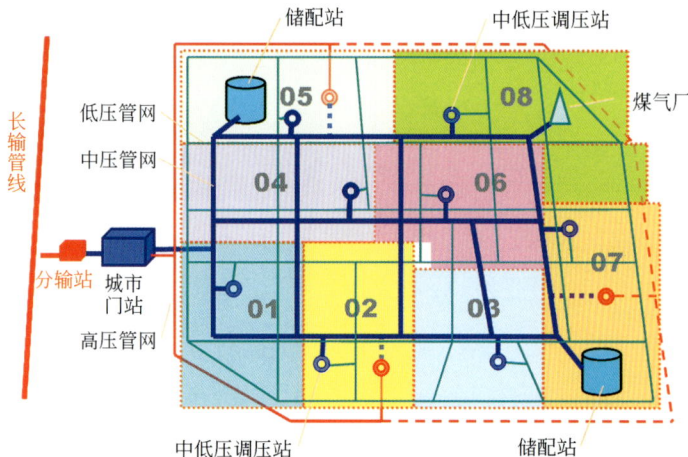

图 7-24 分区置换简化模型

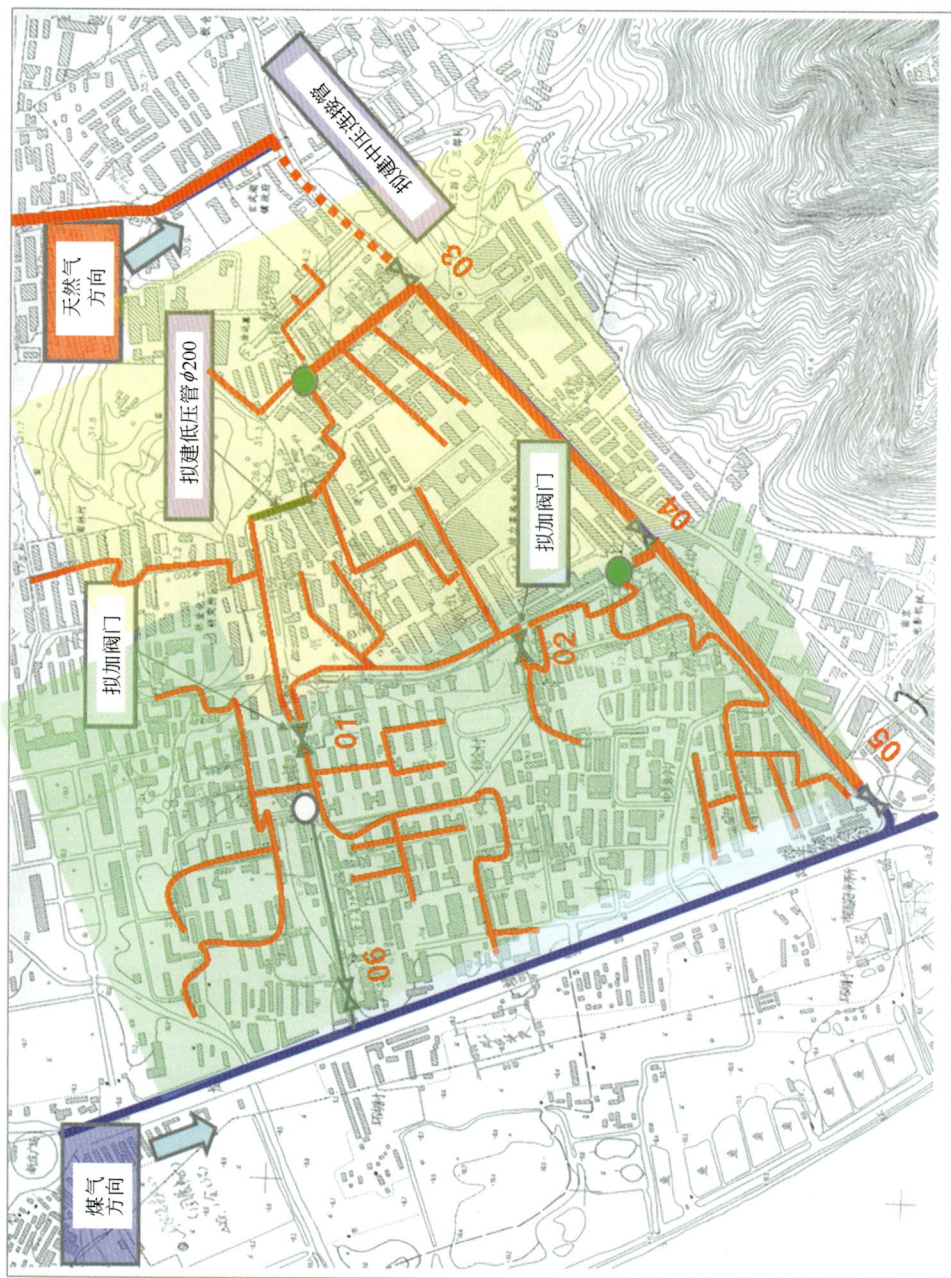

图7-25 分区置换示例图

天然气方向

拟建低压管 φ200

拟加阀门

拟加阀门

煤气方向

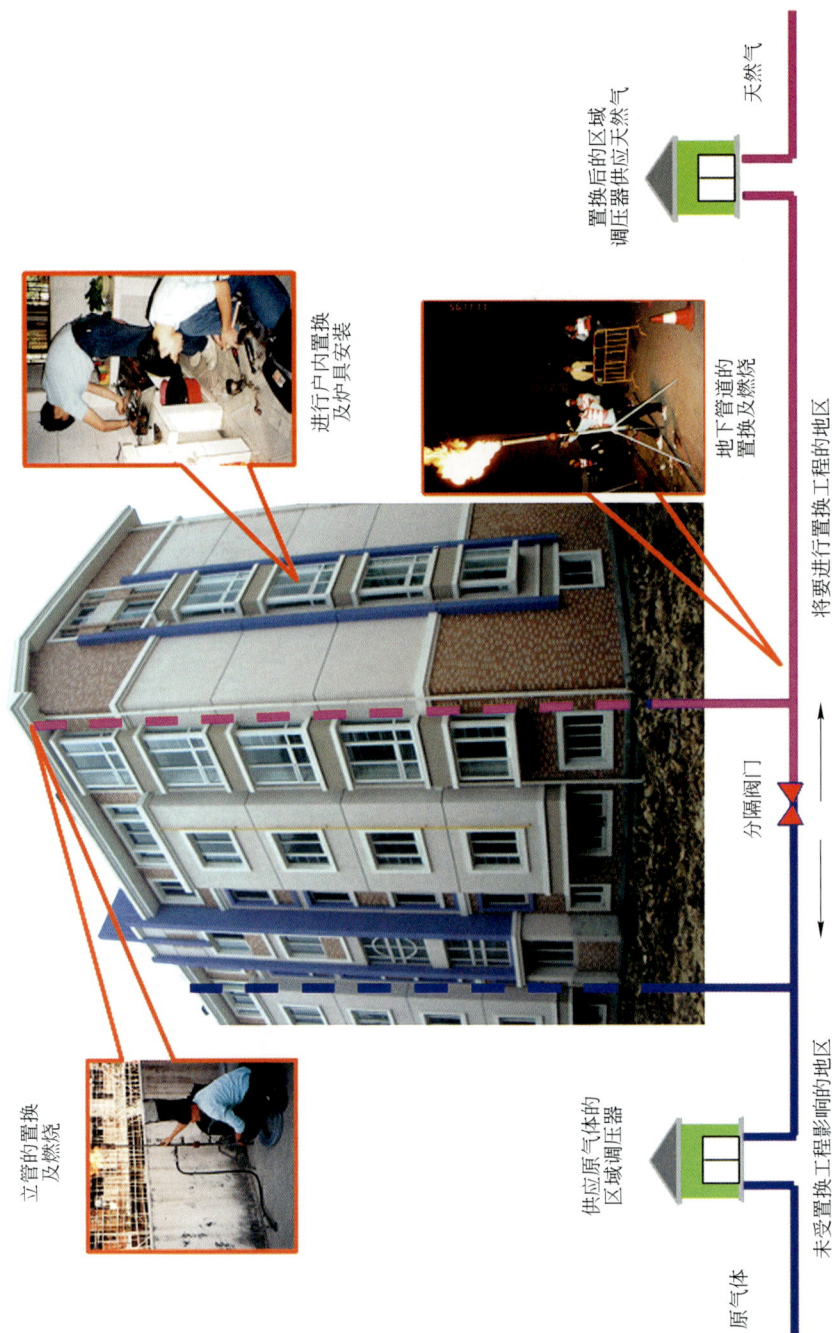

进行户内置换
及炉具安装

地下管道的
置换及燃烧

立管的置换
及燃烧

将要进行置换工程的地区

置换后的区域
调压器供应天然气

天然气

分隔阀门

原气体

未受置换工程影响的地区

供应原气体的
区域调压器

图7-26 置换流程示意图

附录 A　港华燃气集团国内发展

第一节　港华燃气集团的背景资料

一、香港中华煤气与港华燃气集团

成立于 1862 年的香港中华煤气有限公司(简称中华煤气)，是香港规模最大的管道燃气公司。140 多年来，经过中华煤气员工的不懈努力，中华煤气与香港同步成长，从初期于港岛中区燃点街灯，到后来登堂入室，为大小家庭和中西食府供应源源不绝的燃料，在香港已成为家喻户晓，深受市民信赖的燃气品牌。公司现有员工约 2000 人，客户数目超过 150 万，年营业额超过 70 亿港币。中华煤气 1960 年在香港联交所上市(代码 003)，目前市值约 900 亿港元。

1994 年，中华煤气开始投资开发内地城市管道燃气业务，凭借领先的技术、丰富的管理经验、雄厚的资金实力在内地制定长远的发展策略，业务拓展的极其广泛和迅速。2002 年成立了港华投资有限公司(简称港华燃气集团)，负责内地各类项目的管理工作。

港华燃气集团是一家以市场为主导的大型能源集团，拓展内地的燃气合资公司及项目已逾 30 家，遍布广东、华东、山东及华中、东北等地区，为当地广大居民和工商客户供应安全可靠的燃气，提供亲切、专业和高效率的服务，并致力于保护及改善环境。除下游业务外，中华煤气也积极投资中游项目，如广东液化天然气接收站及输气干线工程、安徽省天然气支线项目和浙江省杭州市天然气高压管网系统。

二、港华燃气集团

港华燃气集团致力发展清洁燃气，积极拓展内地的天然气市场。公司一贯执行的这一环保策略，与国家致力改善因燃煤、燃油而带来的空气污染的决心完全一致。有鉴于天然气保护、经济等巨大优势，中央政府建设完成的规模庞大的西气东输工程，已经发挥作用，并在提倡利用天然气的同时，积极兴建其他的天然气工程。预计天然气占全国整体能源的使用量由 2003 年的约 3％大幅飙升至 2010 年的 9％，随后 10 年也将以相同幅度增长。

1. 发展策略和展望

随着中国经济的飞速发展，对清洁能源的需求迅猛增长。中央和省市各级政府积极提倡转用环保能源，天然气市场非常巨大。港华燃气集团计划把国际先进的企业管理理念移植到各属下合资公司，把世界一流的燃气安全和服务标准在国内推广普及，以提高当地居民的生活水平和工商客户的产品质量，并矢志成为亚洲首屈一指的洁净能源供应商及优质服务商。

2. 安全

港华燃气集团非常重视安全生产，在燃气生产、输送，以及新技术开拓方面均具有国际先进水平，在进入国内市场以后，积极推广国际上成功的安全生产管理经验，帮助国内合资公司建立更加完善的管理规范，并建立强而有力的积极抢修队伍，24h 候命，确保于最短时间内抵达事故现场。为保证客户用气安全，燃气用具状态良好，港华燃气还定期上门为客户进行用气安全检查，并大力推广安全用气知识，深受顾客欢迎。

3. 服务

港华燃气集团继承了中华煤气多年来奉行的"以客为尊"文化，即以顾客为中心的服务模式，不论是行政组织构架，还是公司资源配置与顾客接触的层面都得到充分的支持和保障。港华燃气的服务承诺，在产品的安全和可靠程度、预约服务时间、工作效率和服务态度，以及处理客户意见等各方面均订立了具体目标，并且每年公布成绩及新的目标。公司通过成立客户服务关注小组、人工热线服务、客户意见处理委员会等方式，充分了解和满足客户需求。

4. 技术

投资国内燃气项目，是港华燃气集团长远的发展策略。因此致力引进中华煤气在燃气供应方面和企业管理方面的丰富经验和高效率的管理系统，如先进的监控中心、各项自动控制设施以及客户服务软件等。此外还在广州经济技术开发区和济南高新技术开发区成立了广州港华燃气技术培训中心和山东港华培训学院，投入大量的培训资源，以加快将国际标准引进到国内燃气企业界，并将香港中华煤气的企业文化、管理知识、市场经验及客户服务技巧等宝贵资源有效地推广到国内各地合资公司，使其得以迅速发展，形成一个政府、客户和企业面面皆赢的良好局面。

5. 产品研发与检测

鉴于国内燃具质量参差而影响客户安全用气，港华燃气集团遂于广州成立燃气科技中心，为各种燃具提供专业的质量检测服务，同时利用中华煤气在燃气应用类产品研发方面的丰富经验，为客户推出品质品味均属优良的"港华紫荆"系列燃具新产品。该系列产品配备安全熄火保护装置，并具有国家质检部门及港华燃气科技中心之双重质量检测保障；公司为客户提供一条龙售后服务，包括免费送货、免费安装、免费三年保修、专业维修以及免费定期安全检查等服务，让客户家添安心。

第二节　港华燃气集团在国内的发展

随着我国对燃气及输气设备的需求日益增加，港华燃气集团在中华煤气的强力支持下，业务迅速发展。在下游燃气市场方面，港华燃气集团在国内已经建立 30 余家燃气合资公司，并将继续物色一些短期内有天然气供应、生活水平较高且经济前景看好的重要城市，发展城市管道燃气业务，以配合急剧增长的城市居民生活以及工业发展需要。在中游燃气项目方面，中华煤气参与建设的广东液化天然气接收站以及安徽省天然气支线项目等巨大工程全面落成后，不仅可以巩固和促进港华燃气集团下游业务的发展，而且还有助于港华燃气集团与中游天然气供应市场建立良好的策略伙伴关系，有利于天然气的推广和利用，改善居民生活质量和居住环境，造福社会。

一、参与中游能源基建项目

港华燃气集团积极参与中游管道发展计划。中华煤气目前拥有深圳广东天然气接收站和输气干线 3% 的权益，该项目将于 2006 年落成。届时，澳洲的天然气将引进到珠江三角洲地区，邻近的深圳、广州、佛山、中山、珠海等城市将以天然气为气源，除了有助于改善生活环境以外，预计燃气价格也将会下调，整体用量将会大幅增加。中华煤气现在正筹备建设由广东连接至香港大埔煤气厂的海底管道，把天然气引进香港。

此外，中华煤气拥有安徽省天然气支线项目的 25% 的股权，该项目负责统一建设安徽省内的天然气支线管网。该支线将供应铜陵、巢湖、淮南、阜阳、蚌埠、安庆、淮北等城市。上述城市所处的华东地区是中国经济发展最快的地区之一，管道燃气市场潜力巨大，天然气发展前景十分乐观。

二、参与国内城市燃气建设

1. 广东

港华燃气集团首批合资项目就诞生在广东，广东地处的珠江三角洲毗邻香港，近年经济蓬勃发展，迅速成为世界工业生产中心。

1994 年及 1995 年，广东番禺港华煤气公司和中山港华煤气公司相继成立，向当地的居民及工商客户供应代天然气及液化石油气。为配合燃气生产与输配业务的发展，港华辉信公司也于 1995 年在广东中山成立，生产和销售聚乙烯管等燃气管网设施。

1998 年，东永港华煤气公司在广州经济技术开发区成立，向当地的大型工业客户供应管道液化石油气，此后又于 2002 年在广州科学城成立建科港华煤气公司，进一步加强在珠江三角洲的业务基础。

随着这些城市及工业区经济规模的不断扩张，港华燃气集团在该地区的合资公司也迅速成长，成为城市管道燃气运营的模范企业，为进一步开拓其他地区的燃气业务积累了丰富的运营经验，并打下了稳固的业务基础。

2003 年 7 月，中华煤气与深圳市燃气集团签署合资协议，成为深圳市管道燃气合资项目的第二大股东，合资公司享有深圳市独家经营燃气业务的权利。深圳市是中国首个经济特区，也是规模和经济实力发展最快的城市之一，在 2006 年正式引进天然气后，将降低成本并提高竞争力，工商业用户数目将会迅速增加，为合资公司开拓更大商机。预计 2008 年，合资公司的居民用户将超过 70 万户，年用气量将达 3.5 亿 m^3。

2004 年 5 月，中华煤气与广东省佛山市顺德区长顺管道燃气有限公司签署燃气合资项目协议，成立佛山市顺德区港华燃气有限公司。顺德位于经济发达的珠江三角洲中部，市区人口达 43 万，经济发展十分强劲，在 2002 年全国县区经济基本竞争力中排名第一。产业已高新技术为依托，区内有不少较大的能源使用企业，用气市场潜力巨大，预计用气量至 2015 年将达 2.3 亿 m^3。

2. 华东

长江三角洲及附近地区近年经济飞速发展，也是"西气东输"工程的首个重要供气目标。港华燃气集团在这个地区的业务目标，是配合"西气东输"管道工程，在区内建立庞大而完善的天然气供应网络，提高气化率，推广利用天然气，以提高居民和工商客户的产品质量，并改善生态环境。

自 2001 年起，港华燃气集团开始拓展长三角及附近地区的业务，先后在苏州工业园区、宜兴、泰州等工业名城成立燃气合资项目，为广大客户供应天然气等优质能源。

2003 年，港华燃气在江苏省省会南京的合资公司也宣告成立，开拓南京城市管道燃气业务。南京是长三角地区的工业重镇之一，拥有大规模的石油化工业、汽车工业及各类轻工业项目。另外，南京市的气候冬夏温差很大，燃气空调及热水市场潜力巨大。南京港华燃气公司已经开始引进天然气，南京市的 38 万余户居民用户和近千户工商业客户将陆续用上优质天然气。预计 2008 年以后，南京市年用气量将超过 6 亿 m^3。

常州港华燃气有限公司也于 2003 年成立，从 2004 年开始，除现有的 12 万民用客户和 400 余户工商客户外，将有更多的客户会陆续使用天然气。气源转换的同时努力开发燃气空调、燃气锅炉、燃气干衣机等产品。

同年，南京化学工业园港华燃气公司、张家港港华燃气公司、吴江港华燃气公司、桐乡港华天然气公司也先后成立，并将为当地的客户引进天然气。

徐州燃气合资项目也于 2003 年年底签约成立。徐州是苏北大型城市，主城区人口约 120 多万，当地政府积极推行环保政策，有利于天然气的潜在市场，即将投建的连接陕京二线和西气东输管线的冀沪线经过徐州市，预计 2006 年内可为徐州市供应天然气，届时徐州市现有的 13 万管道燃气用户将享用天然气。

2003 年，港华燃气首次进军安徽，与马鞍山市成立合资公司。马鞍山与南京毗邻，由南京后花园之称，"西气东输"工程的气源已经到达马鞍山，现有的 12 万多居民和工商业用户将成为钢城天然气引进工程的受益者，而著名的马鞍山钢铁厂也将是重要的工业燃气用户。

2004 年 5 月，中华煤气与浙江湖州环太湖集团有限公司签订合资合同，在湖州经济技术开发区成立中外合资城市管道燃气项目，成为中华煤气继桐乡市后，在浙江省又一新增的合资项目。

浙江省湖州市是省辖市，位于浙江北部，太湖南岸，处于长江三角洲及大上海经济圈之内，是苏、浙、皖交通枢纽，位置优越。湖州市开发区面积约 70km^2，是新兴的行政、商贸及工业中心。区内房地产发展及人口增长迅速，湖州市新增的工商项目均位于该区，天然气需求十分可观。通过"西气东输"计划，新疆的天然气已经进入浙江，湖州市也同时使用了天然气。

3. 山东

山东省是继珠三角及长三角区域后，港华燃气集团在内地发展燃气业务的第三个重要地区。山东省近年来国民经济呈现一派繁荣景象，成为各方投资者争相趋往的热土，特别是南韩和日本的企业纷纷迁到山东，工厂数目日益增加，对燃气等能源的需求迅猛增长，而且有渤海、河南及鄂尔多斯盆地天然气气源的有利条件，有助发展当地的天然气业务。

港华燃气集团在山东的业务始于 2001 年。当年，港华燃气集团于青岛即墨成立中即港华煤气公司，发展燃气业务。继即墨之后，又于2002 年在青岛崂山工业区成立合资燃气公司，即青岛东亿港华煤气公司。龙口港华燃气公司也于 2002 年成立，并与龙口市政府签署了建设天然气项目备忘录。该公司已经开始龙口市天然气输配主干管网工程的建设工作，并将在不久向客户供应天然气。

随着港华燃气的先进管理理念和优质服务形象在山东社会各界逐步获得认同，港华燃气在山东的合资项目也迅速增加，2002 年在淄博成立合资公司，引进天然气。2003 年又分别在济南、潍坊、威海及泰安四地成立合资项目。

淄博港华燃气公司自 2002 年 9 月成立之后，迅速引进天然气，至今已经敷设天然气高、中压管线 60 多公里，成功为淄川、博山两地引进天然气，有陶瓷名城美誉的淄博因此成为山东省率先使用天然气作为窑炉生产燃料的城市，为改善城市生态环境起到了示范作用。

济南港华燃气公司将投资建设燃气管道，主要为济南东部和高新开发区以及扩建中的济南新机场等区域供气。济南市的工业以冶金、机械、电子、纺织、生物医药化工、精细化工为支柱。这些产业的能源耗用量大，而天然气从中原油田经濮阳中石化天然气长输管线到达济南市，部分用户已经先期使用了天然气，燃气市场前景良好。

威海市的工业以纺织、服装、地毯、食品、电子、机械、化工为主，又是闻名的旅游、避暑和疗养胜地，也是中国与韩国经贸往来的纽带。市内的居住和营商环境，以及当地政府鼓励应用清洁能源政策，均促进了天然气工程建设的步伐。港华燃气集团投资的液化天然气站已经投入使用，威海港华燃气公司向居民及工商业用户供应清洁高效的新能源，以改善生活环境和质量。渤海天然气通过长输管线从烟台到达威海市后，将更加推进威海市的天然气利用。

潍坊的工业以动力机械、农用运输车、服装、海洋化工为支柱。由于潍坊市工业发展迅速，以及市政府对环境污染问题的关注，预计对洁净天然气的需求将急速增长。中石油"淄博-潍坊"输气管线即将兴起，潍坊港华燃气公司于 2003 年 11 月成立后，积极着手天然气的引进工作，全市 30 多万户居民及工商客户将逐步用上安全可靠的管道天然气。

2003 年 12 月，中华煤气与山东省泰安市泰山燃气集团签署合资合同，在泰安市成立中外合资城市管道燃气公司。泰安市是山东省的地级市，位于山东省中部，是中国华东地区重要的旅游城市，吸引众多中外游客，带动城市建设的发展和环保政策的事实，促进了城市商业和餐饮业的发展，为商业用气的发展奠定基础。泰安市 2001 年引入中石化从河南濮阳供应的中原油田天然气，以后将用上中石油从陕京二线提供的天然气。现有管道燃气居民用户 11 万户,工商业用户 340 多户。

港华燃气进入山东,将与当地其他燃气经营商及能源供应商共同发展,优势互补,有助提高当地燃气行业乃至整个公用事业的安全运作和客户服务水平,完善当地城市基础和投资环境,形成政府、企业、用户面面皆赢的良好局面。

4. 华中

2003 年,港华燃气进入有"九省通衢"美誉的湖北省会武汉,成立管道燃气合资公司。武汉市人口约 800 万,气候冬热夏炎,燃气空调和热水市场巨大;武汉市还是华中的工业重镇,钢材、汽车、汽车零部件及石化等行业相当发达。天然气市场在民用、商用及工业上均有十分庞大的发展潜力。供应武汉的天然气来自四川盆地,通过"汉忠"线长输管道自四川到达武汉。

为配合 2004 年"川气入汉",武汉合资公司经全面开展高、中压管网等天然气工程的建设和改造,已于 2005 年 1 月陆续进行天然气置换工作,预计 2008 年供气能力为 12 亿 m^3,气化居民用户 80 多万户。

5. 东北

2004 年底,港华燃气进入吉林省第二大城市——吉林。吉林位于吉林省中部偏东,地处松花江中游,长白山脉向松辽平原的过渡地带,是我国著名的冰雪运动基地,雾凇奇观文明遐迩,森林矿产和水资源极为丰富。面积 2.79 万 km^2,市区人口 142 万。是吉林省重要的工业、文化中心及交通枢纽,以吉林化学工业公司为主的石油化工、木材加工、铁合金等优势行业已成为吉林省的支柱产业。凭借"振兴东北老工业基地"的机遇,燃气行业在此将有广泛的发展前景。至此,也奏响了港华燃气进入东北地区的序曲。

附录 B 港华燃气集团大事记

1994 年 9 月，番禺港华煤气有限公司成立。

1995 年 1 月，中山港华煤气有限公司成立。

1998 年 8 月，广州东永港华煤气有限公司成立。

2000 年，中华煤气取得广东液化天然气接收站及输气管线 3％的股权。

2001 年 2 月，港华辉信工程塑料(中山)有限公司成立。

2001 年 6 月，苏州港华燃气有限公司成立。

2001 年 9 月，青岛中即港华煤气有限公司成立。

2001 年 12 月，宜兴港华燃气有限公司成立。

2002 年 3 月，广州建科港华燃气有限公司成立。

2002 年 3 月，港华投资有限公司成立。

2002 年 3 月，青岛东亿港华燃气有限公司成立。

2002 年 9 月，淄博港华燃气有限公司成立。

2002 年 10 月，泰州港华燃气有限公司成立。

2002 年 11 月，龙口港华燃气有限公司成立。

2002 年 12 月，广州港华燃气技术培训中心开幕。

2003 年 1 月，常州港华燃气有限公司成立。

2003 年 3 月，桐乡港华燃气有限公司成立。

2003 年 6 月，南京港华燃气有限公司成立。

2003 年 6 月，武汉市天然气有限公司成立。

2003 年 6 月，马鞍山港华燃气有限公司成立。

2003 年 6 月，张家港港华燃气有限公司成立。

2003 年 7 月，中华煤气与深圳市燃气集团签署协议，合资经营深圳市城市管道燃气项目。

2003 年 9 月，南京化学工业园港华燃气有限公司成立。

2003 年 10 月，济南港华燃气有限公司成立。

2003 年 10 月，吴江港华燃气有限公司成立。

2003 年 11 月，潍坊港华燃气有限公司成立。

2003 年 12 月，威海港华燃气有限公司成立。

2003 年 12 月，中华煤气与徐州市燃气总公司签署协议，合资成立徐州港华燃气有限公司。

2003 年 12 月，中华煤气与山东省泰安市燃气集团签署合同，合资成立泰安泰山港华燃气有限公司。

2004 年 5 月，佛山市顺德区港华燃气项目签署。

2004 年 5 月，中华煤气与浙江湖州环太湖集团有限公司签订合资合同，在湖州经济技术开发区成立中外合资城市管道燃气项目。

2004 年 7 月，丹阳港华燃气有限公司成立。

2004 年 11 月，安庆港华燃气有限公司成立。

2005 年 4 月，吉林港华燃气有限公司成立。

2005 年 5 月，中华煤气与安徽省天然气开发有限责任公司签订安徽省天然气支线项目合资合同。壳牌(中国)有限公司签署协议，共同建设、运营和管理杭州市天然气高压管网系统。

2005 年 6 月，北京北燃港华燃气有限公司成立。

2005 年 6 月，山东港华培训学院成立。

2005 年 9 月，港华燃气集团推出"港华紫荆"系列燃具产品。

参 考 文 献

1 邓渊主编. 煤气规划设计手册. 中国建筑工业出版社，1992

2 姜正侯主编. 燃气工程技术手册. 同济大学出版社，1993

3 煤气设计手册编写组. 煤气设计手册. 中国建筑工业出版社，1983

4 李方运. 天然气燃烧及应用技术. 石油工业出版社，2002

5 李帆. 城市天然气工程. 第 2 版. 华中科技大学，2002

6 徐文渊，蒋长安主编. 天然气利用手册. 中国石化出版社，2002

7 黎光华，王民生，程佩文. 燃气输配应用工人读本. 中国建筑工业出版社，1984

8 高福烨主编. 燃气制造工艺学. 中国建筑工业出版社，1995

9 同济大学，重庆建筑大学，哈尔滨建筑大学，北京建筑工程学院编. 燃气燃烧与应用. 中国建筑工业出版社，2000

10 汪寿建等编著. 天然气综合利用技术. 化学工业出版社，2003

11 中国城市煤气协会科学技术委员会，中国城市煤气协会科学技术委员会. 城市天然气置换资料汇编. 2000

12 郝建民主编. 燃气工程招投标建设管理实用指南. 中国大地出版社

13 段常贵主编，王民生主审. 燃气输配. 中国建筑工业出版社

14 李公藩. 燃气工程便携手册. 机械工业出版社

15 冯良，姚凯，张军. 天然气加湿解决铸铁管接头泄漏问题. 城市燃气，2004(3)

16 康燕. 浅析北京天然气市场未来走势中的价格策略. 城市燃气，2005(10)

17 港华燃气集团相关技术文件